《枣树优质高效生产技术》编写人员

魏天军　　喻菊芳　　刘廷俊　　刘定斌

祁　伟　　李占文　　唐文林　　陈卫军

雍　文　　马廷贵　　潘　禄　　李百云

吴秀红　　杨　玲

优质高效生产技术

枣树

魏天军◎主编

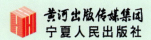

黄河出版传媒集团

宁夏人民出版社

图书在版编目(CIP)数据

枣树优质高效生产技术 / 魏天军主编. —银川:宁夏人民出版社,2009.11

ISBN 978 - 7 - 227 - 04335-5

Ⅰ.①枣… Ⅱ.①魏… Ⅲ.①枣—果树园艺 Ⅳ.①S665.1

中国版本图书馆 CIP 数据核字(2009)第 206871 号

枣树优质高效生产技术

魏天军 主编

责任编辑 王 燕
封面设计 杨维扬
责任印制 来学军

黄河出版传媒集团
宁夏人民出版社　出版发行

出 版 人 杨宏峰
地　　址 银川市北京东路 139 号出版大厦(750001)
网　　址 www.nxcbn.com
网上书店 www.hh-book.com
电子信箱 nxhhsz@yahoo.cn
编辑热线 0951-5014124
编辑信箱 yanyanw46@yahoo.com.cn
邮购电话 0951-5044614
经　　销 全国新华书店
印刷装订 宁夏捷诚彩色印务有限公司
开　　本 880mm×1230mm　1/32
印　　张 7.125
字　　数 250 千
版　　次 2009 年 11 月第 1 版
印　　次 2009 年 11 月第 1 次印刷
书　　号 ISBN 978-7-227-04335-5/S·274
定　　价 22.00 元

图1 普通灵武长枣

图2 灵武长枣2号硕果累累(长椭圆形的头蓬果)

图3 早熟型灵武长枣结果(母树)

图4 针刺退化型灵武长枣木质化枣吊结果（左）和
灵武长枣2号木质化枣吊结果（右，日光温室）

图5 日光温室灵武长枣裂果（左）和日灼（右）［唐文林提供］

图6 日光温室灵武长枣结果(初红期)［唐文林提供］

图7 灵武长枣开花坐果(左)和幼果发育(右)

图8 3年生灵武长枣树结果

图9 盛果期灵武长枣树结果

图10　灵武长枣幼树枣股主芽(左)和腋主芽(右)萌生枣头

图11　灵武长枣展叶

图12　酸枣苗圃地

图13　采集灵武长枣接穗

图14　田间嫁接

图15　灵武长枣幼苗　　　　　图16　灵武长枣嫁接苗落叶

图17　灵武长枣根蘖苗　　　　图18　灵武长枣苗木起挖及假植

图19　灵武长枣根蘖苗根系（右上）、酸枣
　　　嫁接苗根系(右下)和2年生酸枣嫁接
　　　树的根系

图20　灵武长枣定植、定干、剪口涂漆及覆膜　图22　1年生的灵武长枣2号密植园

图21　灵武长枣栽后生长及行间套种蔬菜

图23　灵武长枣幼树拿枝开角

图24 灵武长枣自由纺锤形整形修剪

图25 普通灵武长枣二次枝针刺（左）和灵武长枣2号针刺（右）

图26 灵武长枣老树林

图27 枣树天敌—瓢虫

图28 红缘天牛成虫
［左，李占文提
供］、为害灵武长
枣树干状（右）

图30 灵武长枣树梨圆蚧［李占文提供

图29 枣瘿蚊成虫(左)和幼虫(右)［李占文提供］

图31 灵武长枣树枣大球蚧［李占文提供］ 图32 枣树红蜘蛛［李占文提供］

图33 枣叶壁虱若虫（左上）、果实(右上)和叶片(左下)受害症状［李占文提供］

图34　枣食心虫［李占文提供］

图35　大青叶蝉(左)［李占文提供］和为害枣树枝干(右)

图36　麻皮蝽成虫(左)和为害果实后的症状(右)

图37　压砂地枣树白眉天蛾卵(左)和幼虫及为害叶片(右)

图39　枣尺蠖幼虫 ［张治科提供］

图38　小青花金龟子（旱地同心圆枣老树）

图40　持续降雨后枣树出现叶斑病

图41　枣园杀虫灯 ［李占文提供］

图42 枣园性诱剂(左)和黄色粘虫板(右)[李占文提供]

图43 枣园机械喷药[李占文提供]

图45 临猗梨枣结果和着色　　图44 冬枣结果和着色

图46 中宁圆枣结果(白熟期,左)
和中宁大红枣(右)

图47 压砂地中宁大红枣果园（左）、结果（中）和裂果（右）

图48 旱地同心圆枣结果

图49 同心圆枣自然晾晒（左）、
人工拣选分级（右）

图50 旱地同心圆枣园（右）和大树结果（左）

图51 旱砂地同心圆枣与西瓜间作(右)及
主干缠膜防兔害(左)

图52 旱砂地骏枣结果和
裂果(初红期)

图53 旱砂地中卫大枣结果(左,初红期)和
中卫大枣古树(右)

图54 扬黄灌区中卫大枣(半干状)和
中卫大枣干枣

图55 2年生灵武长枣树皮冻裂(上)和
6年生树主干冻裂(下)

图56 6~7年生梨枣树主干冻裂(左)和树体受冻(右)

图57　中宁圆枣丰产园受冻(左)和旱地同心圆枣受冻(右)

图58　20年生灵武长枣树受冻(左)和中宁圆枣树受冻(右)

图59　鲜枣贮藏保鲜的保鲜剂(左)、气调剂(中)和纳米保鲜袋(右)

图60　微型机械冷库小包装贮藏枣(左)、周转箱码垛贮藏枣(右)

灵武长枣长霉腐烂情况
（2007-12-24）

图61　中宁圆枣(左)和灵武长枣(右)贮藏期霉烂

2007年3月26日冬枣长霉腐烂情况（ck）

2007年3月26日冬枣长霉腐烂情况（处理）

图62　冬枣贮藏期霉烂(左)和保鲜剂处理的效果(右)

图63　低温保鲜90天的灵武长枣(左)、冬枣(中)和临猗梨枣(右)

前言

枣树(*Zizyphus jujuba* Mill.)原产中国,已有 3 000 多年的栽培历史。截至 2006 年,全国枣树总面积达 2 250 万亩,位居全国果树总面积的第三;总产量 305.3 万吨,位居第七;面积和产量均居干果之首。枣树因适应性强、栽培管理容易、早果丰产、营养丰富,具有显著的社会、经济、生态效益和文化价值。近 10 多年来,枣树在农林业产业结构调整优化、西部大开发和退耕还林等方面发挥了重要的作用,已成为山、沙、碱、旱贫困地区千万农民增收致富的一个红色朝阳产业。

宁夏枣树栽培最早有文字记载的可追溯到公元 1190 年,党项(西夏)人骨勒茂编著的《番汉合时掌中珠》一书,距今 800 多年。宁夏的枣树生产一直在全国处于微乎其微的地位。新中国成立到改革开放、再到 20 世纪 90 年代中期,枣树总面积徘徊在 2 万亩以下,总产量徘徊在 0.2 万吨以下。2003 年之前的 6 年,宁夏的枣树生产开始助跑,总面积接近 8 万亩、总产量接近 0.7 万吨。2003 年起,全区开始了新一轮农林业产业结构调整,宁夏回族自治区人民政府制定、出台了《宁夏优势特色农产品区域化布局及发展规划(2003~2007 年)》,拉开了全区枣产业化发展的帷幕,2006 年枣产业正式列入自治区 13 个优势特色农业产业之中。

宁夏的枣树生产经过近 5 年的快速发展，截至 2007 年，总面积已达 43 万亩，占 2006 年全国枣树总面积的 1.91%；总产量 3.19 万吨，占全国红枣总产量 303.1 万吨（2007 年）的 1.05%。尽管宁夏枣树发展前景比较广阔，但目前也存在着一些比较突出的问题：一是现有枣园单产低，平均亩产量仅 70 kg，相当于全国平均水平的 30%~50%；二是产业整体效益低下，年总产值 1.2 亿元人民币左右，仅占全国红枣年总产值 200 亿元的 0.6%；三是基层推广技术力量薄弱、枣农科技素质低等。总的来说，近 5 年宁夏枣树面积发展迅猛，今后引（扬）黄灌区要"提质、增效、扩量"、中部干旱带"扩量、增效、提质"，才能又好又快地发展宁夏的红枣产业。

为适应全国枣产业进入"从规模扩张型向质量效益型转变的调整期"的新形势，以及宁夏把发展红枣产业作为发展现代农业、建设社会主义新农村的重要举措的客观需要，宁夏农林科学院魏天军研究员组织全区枣树专家，充分吸收自 1990 年以来自治区各级人民政府组织实施的各类红枣项目的研究成果，并总结多年的实践经验，编写了本书，以期为枣树科研、教学、经营有关人员提供有益参考，为各级技术推广人员和广大枣农提供优质、规范化综合生产技术，为宁夏枣产业的持续健康发展提供有益指导。

本书内容较为系统和广泛，限于时间仓促、编著者水平有限，错误和疏漏在所难免，敬请广大读者批评指正。

编著者

2009 年 3 月

目录

第一章 枣树发展概况

第一节 全国枣树发展概况

一、枣树栽培历史

枣是鼠李科（Rhamnaceae）枣属（*Zizyphus* Mill.）植物。据河北农业大学考证和统计，全世界约有枣属植物 170 种。中国原产的枣属植物有 18 种，其中 4 种是台湾省从国外引进的。在中国，最主要的枣属植物是枣（*Z. jujuba* Mill.）、酸枣（*Z. spinosa* Hu.）和毛叶枣（*Z. mauritiana* Lam.）。

枣（*Z. jujuba* Mill.）在我国栽培历史悠久。据河北农业大学曲泽洲等的考证，中国枣树最早的栽培中心在黄河中下游一带，且以山西、陕西栽培较早，渐及河南、河北、山东等地。近代考古研究表明，远在 7 000 多年前（新石器时代），先祖已开始采摘和利用枣果。距今 3 000 年前（西周时期），在《诗经·豳风篇》中就有"八月剥枣，十月获稻"的诗句，《尔雅》中记载了 11 个枣树品种名。距今 2 500 年前（战国时期），在《战国策》上记述："苏秦说燕文侯曰：'北有枣、栗之利，民虽不由佃作，枣栗之实，足食于民'"。枣已成为重要的果品，并与桃、杏、李、栗一起并称为中国的"五果"。距今 2 000 年前（汉朝），在《汉书·地理志》中记载"上谷至辽东，地广民稀,俗与赵代相类,有鱼盐枣栗之绕。"枣树栽培已经遍及南北各地。距今1 500年(后魏时期),《齐民要术》的出版标志着传统的枣树栽培技术体系已经形成,其中有些技术一直沿用至今。

外国的枣树均是直接或间接从中国引入的。枣树最早传到朝鲜、日本等亚洲邻国,后沿"丝绸之路"被带到伊朗及地中海沿岸的一些国家;约在1世纪,叙利亚有了枣树的栽培。1837年,美国的植物学家从欧洲将小枣引入美国。20世纪50年代初,美国又从中国引入了225个优良枣树品种;苏联也曾大量引入中国枣品种。枣树现已遍及韩国、日本、泰国、印度、蒙古、以色列、西班牙、美国、澳大利亚等五大洲的40多个国家和地区。由于多种原因,目前唯有韩国形成了规模化商品栽培,其他国家主要用作庭院栽培或作为种质资源保存。

二、枣树发展现状

1. 产量、栽培面积和主产省(市、自治区)

(1)总产量变化 据《中国农业年鉴》资料,从1980~2006年27年间,全国枣果总产量经历了三个变化阶段(图1-1)。第一阶段是徘徊期,1980~1993年共14年,年总产量在37万吨至58万吨间波动。第二阶段是缓慢上升期,1994~2001年共8年,年总产量从65万吨逐渐上升到131万吨,8年产量之和比前14年总和增加了0.24倍。第三阶段是迅猛增长期,2002~2006年共5年,年总产量从160万吨飙升到305万吨,5年的产量之和比前8年总和增加了0.36倍,比1980~1993年总和增加了0.69倍。

(2)栽培面积变化 我国27年间枣果总产量的变化趋势与枣树栽培总面积的变化趋势相吻合。1978年改革开放时全国枣树总面积是 438 万亩,总产量是 34.9 万吨。到 1999 年,枣树总面积增加到 900 万亩,总产量上升到 110.3 万吨。到 2006 年,枣树总面积是 2 250 万亩,总产量是 305.3 万吨;与 1978 年相比,总面积增加了 4.1 倍,总产量增加了 7.8 倍。

图 1-1 全国红枣年总产量变化
(资料来源:《中国农业年鉴》)

(3)红枣主产省、市、自治区 各省(直辖市、自治区)在 2004~2006 年期间, 对全国枣果总产量大幅度增加的贡献不尽相同(图 1-2)。按贡献大小排序,依次是河北、山东、河南、山西、陕西、甘肃、辽宁、新疆、广西和天津。其中,河北、山东、河南、山西、陕西 5 省普遍增势强劲,是全国增产的最主要贡献者,占全国红枣总产量的 86.5%。尤其是河北和山东,几乎三分天下,是我国最重要的枣

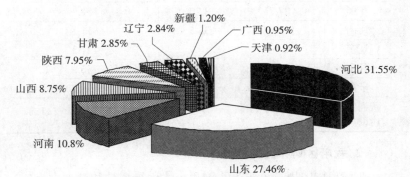

**图 1-2 红枣主产省(自治区)2004~2006 年平均产量
占全国平均总产量的比重情况**(资料来源:《中国农业年鉴》)

树栽培大省和产枣大省。

据 2007 年的资料,全国枣树栽培的格局发生了一定的变化,面积排在前 10 位(表 1-1)的省、自治区分别是山西、河北、山东、陕西、新疆、河南、辽宁、甘肃、宁夏和新疆生产建设兵团。其中,山西发展势头最猛,栽培面积已超过 500 万亩,跃居第一,但由于受果实成熟期持续阴雨天气的影响,红枣裂果、浆烂发霉严重,造成总产量只有 19.3 万吨,与 2006 年相比,减产 38.6%。山东增产最快,尽管总面积仅有河北的 60.5%,但总产量已超过河北,接近 93 万吨,位居全国第一,平均亩产高达 345.2 kg。新疆是西北地区发展势头最猛、潜力最大的自治区,栽培面积超过 127 万亩,位居第五;宁夏总面积达 43 万亩,位居第九;新疆生产建设兵团总面积达 42.8 万亩,紧随宁夏位居第十。

表 1-1　2007 年中国枣树栽培大省(自治区)面积和产量情况

省份	面积(万亩)	产量(万吨)	与 2006 年相比增减(%)
山西	501.0	19.3	−38.6
河北	443.7	91.0	+0.13
山东	268.8	92.8	+8.83
陕西	261.8	15.9	−43.5
新疆	127.7	8.70	+87.7
河南	122.0	33.5	+11.1
辽宁	52.5	10.9	+21.3
甘肃	49.6	11.2	+36.9
宁夏	43.0	3.20	+58.7
新疆生产建设兵团	42.8	−	−

2. 栽培区划和品种资源

(1)栽培区划　枣树是我国第一大干果树种和第七大果树,栽培十分广泛。目前,除黑龙江省无规模化栽培外,北纬19°~

43°、东经 76°~124°的各个地区都分布有枣树。在华北、西北的个别地区,最高海拔可达 1 800 m;在低纬度的云贵高原可达 2 000 m。

据郭裕新等的研究,将我国枣树划分为北枣和南枣 2 个生态型,地理位置是以淮河、秦岭为界限。北枣含糖量高,适宜制干枣;南枣含糖量低,适宜制蜜枣。北方栽培区又进一步划分为 3 个亚区,分别是黄河、淮河中下游河流冲积土枣区、黄土高原丘陵枣区;甘肃、内蒙古、宁夏、青海、新疆干旱地带河谷丘陵枣区。南方栽培区也划分为 3 个亚区,分别是江淮河流冲积土枣区;南方丘陵枣区;四川、贵州、云南枣区。

(2)品种资源 通过调查核实,1993 年编辑出版了《中国果树志·枣卷》,明确全国有 700 个枣树品种,其中制干品种 224 个、鲜食品种 261 个、兼用品种 159 个、蜜枣品种 56 个。毕平等介绍了 7 个观赏品种,分别是辣椒枣、龙枣、磨盘枣、茶壶枣、大柿饼枣、羊奶枣和胎里红。2008 年编辑出版的《中国枣产业发展报告(1949~2007)》又收录了我国新选育的枣树品种,共计 52 个。其中,制干品种 12 个,分别是星光、沧无 3 号、佳县油枣、圆铃 1 号、金丝新 1 号、金丝新 3 号、金丝蜜、无核红、乐金 2 号、乐金 3 号、胜利枣、阎良相枣。鲜食品种 22 个,分别是月光、六月鲜、济南脆酸枣、伏脆蜜、乳脆蜜、露脆蜜、七月鲜、早丰脆、早脆王、孔府酥脆枣、红大 1 号、大白铃、金铃圆枣、金铃长枣、大瓜枣、京枣 39、悠悠枣、阳光、宁梨巨枣、无核脆枣、泗洪大枣、莒洲贡枣。鲜干兼用品种 17 个,分别是赞晶、骏枣 1 号、金昌 1 号、无核丰、沧无 1 号、金魁王、延川狗头枣、金丝新 2 号、金丝新 4 号、姜黄庄 1 号、金丝丰、品 17、乐金 1 号、品 10、乐陵无核 1 号、乐陵无核 2 号、鲁源小枣。加工品种 1 个,即无核金丝小枣。

因此,目前我国共有枣树品种 759 个,其中制干品种 236

个，占 31.1%；鲜食品种 283 个，占 37.3%；兼用品种 176 个，占
23.2%；蜜枣品种 56 个，占 7.4%；观赏品种 7 个，占 0.92%；加工
品种 1 个，占 0.13%。制干品种∶鲜食品种∶兼用品种∶蜜枣品种∶
观赏及加工品种的比例大约为 31∶37∶23∶8∶1。

（3）主导品种及分布　刘孟军等调查，当前在我国枣树生产
中起主导作用的主栽品种共有 10 个，分别为：①金丝小枣（第一
大制干品种），分布在河北和山东环渤海盐碱地区；②婆枣（阜平
大枣，制干品种），分布在河北太行山旱薄山区；③赞皇大枣（兼
用品种），主要分布在河北赞皇县；④木枣（制干品种），分布在山
西和陕西黄河两岸黄土高原；⑤灰枣（兼用品种），分布在河南豫
中平原黄河古道区；⑥扁核酸（制干品种）主产豫中平原的内黄、
濮阳等以及河北的邯郸地区和山东的东明等地，是河南第一大
主栽品种；⑦圆铃枣（制干品种），分布在山东、河北西南部和河
南东部，为山东第二大主栽品种；⑧长红枣（制干品种），分布在
山东中南部山区，为山东第三大主栽品种；⑨冬枣（鲜食品种），
分布在山东的滨州、河北的黄骅和全国其他地方，为我国第一大
主栽鲜食品种；⑩临猗梨枣（鲜食品种），分布在山西运城、临猗
等地，为我国第二大主栽鲜食品种。这 10 个品种的产量总和占
全国红枣总产量的 70% 以上，是目前我国最有规模优势的
品种。

3. 栽培技术

（1）基本情况　改革开放 30 年来，以北方农林科研院、所、
校和技术推广单位为主体的广大科技工作者，对不同地区和不同
树龄时期特点的枣树优质丰产栽培技术进行了大量的研究，建成
了一大批优质丰产示范园区，创造了亩产 800~1 300 kg、甚至
2 500 kg 的高产记录，但由于不同地区经济条件、新技术推广力

度等因素不同,导致全国平均亩产量徘徊在 140~200 kg(总产量仅排在全国果树的第七位),与栽培总面积位居全国果树第三极不相符。

(2)变化趋势　总体而言,栽培技术在以下五个方面发生了较显著的变化。一是枣棉间作在新疆特殊的气候条件和棉花栽培模式下快速发展,突破了传统的枣粮间作模式。一些新兴枣产区又发展了大量的枣粮间作园,部分解决了发展枣树占用农田的矛盾。二是株距 1~2 m、行距 2~4 m 的密植园已成为大多数地区的常规种植模式,河北和山东等传统的枣粮间作区也向密植、纯枣园转变。三是近 10 年来,绿盲蝽、皮暗斑螟、红蜘蛛、缩果病、枣疯病和生理性的裂果病等病虫害已成为提高产量、品质和枣果安全性的主要障碍因子之一,而桃小食心虫、枣尺蠖、枣黏虫、枣瘿蚊、枣锈病等病虫害的危害性已普遍下降。四是无公害、绿色栽培在全国迅速发展,大大提高了枣果的质量安全水平。五是鲜食枣的设施提早和延迟成熟栽培技术正在研究和示范中。

4. 产后贮藏保鲜和加工

(1)鲜枣贮藏保鲜　20 世纪 80 年代初,由山西农科院和山西农业大学合作开始,后经河北农业大学、西北农业大学、山东农业大学、中国农业大学、国家农产品保鲜技术工程研究中心(天津)、中国林科院、宁夏农林科学院等单位相继对临猗梨枣、冬枣、金丝小枣和灵武长枣等品种的采后生理特性(果实呼吸类型、呼吸强度,内源激素种类和含量,果皮及果肉解剖结构,多聚半乳糖醛酸酶、多酚氧化酶、过氧化物酶、抗坏血酸氧化酶、淀粉酶等酶的活性变化规律、抗坏血酸、乙醛、乙醇含量和二氧化碳积累等)进行了系统的研究。同时,对影响鲜枣贮藏效果的因素——品种的耐贮性、采收成熟度、贮藏温度、湿度、贮藏期病害发生的种类和防控技术等也做了大量的研究。在此基础上,应用微孔、纳米和打孔保鲜袋及臭氧、保鲜剂杀菌等辅助技术,以普通低温贮藏技术、湿冷贮藏技术、冰温贮藏技术、减压贮藏技术和冷冻贮藏技术为主,将枣果在常温自然下保鲜 5 天左右延长到了 1~4 个月甚至 8~12 个月。但鲜枣的规模化商品贮藏保鲜期并没有完全突破 3~4 个月。因此,要实现鲜枣亚周年供应还有相当长的距离。

（2）干枣的贮藏、分级和包装　缸储、囤储和屋储是贮藏干枣的传统方式。改革开放后,低温贮藏、简易大帐气调贮藏和原子能辐照贮藏技术也得到了研究,并在生产中发挥了部分作用。1980 年,原商业部济南果品研究所主持制定的我国第一个红枣（干枣）国家标准发布实施。该标准首次规范了我国红枣的含水量不能超过28%（金丝小枣等小红枣）和25%（其他大红枣类品种）;红枣分为特等、一等、二等、三等 4 个等级,并规定了各等级的质量标准;规定了红枣可用麻袋、尼龙袋、纸箱和塑料箱包装。2009 年,新修订的《干制红枣》（GB/T 5835—2009）代替了《红枣》（GB5838—1986）。新标准将干制小红枣分为特等、一等、二等和三等四级,并规定了各自的总糖含量分别为≥75%、≥70%、≥65%和≥60%;干制大红枣分为一等、二等和三等,相应的总糖含量分别为≥70%、≥65%和≥60%,详见附录二。近 10 年来,枣农和涉枣企业重视了鲜枣、干枣的分级、包装,小型化、多样化和精美化的包装提升了产品的档次、价格和销路,但尚未实现机械分级和包装,分级包装的效率有待提高。

（3）加工及产品　在枣果干制方面,自然晾晒依然是最主要的初级加工方式。干制过程中的浆烂损失相当严重。近年来,陕西、河南、陕西等省出现了枣果清洗后人工烘干、真空包装的干制新模式,有效控制了浆烂损失,且干净卫生、营养成分保存率高。近年来,尤其是2007年,9月下旬~10月上旬枣果成熟期因持续阴雨天气造成北方主产区枣裂果、浆烂,损失惨重。一些地方开始重视陕西师范大学陈锦屏教授的人工烘干技术,建立了较多不同类型的标准烘房,对缓解枣果干制压力、提高商品果率起到了重要作用。

据不完全统计,目前我国以枣果为主要原料的加工品种已达近100种,但加工产品技术含量偏低、"小而全"、附加值仅1:1.5~1:5,低档次重复现象严重。20世纪60至90年代的罐头、复合罐头、蜜饯、蜜枣、果酱、多维枣酱等,属于初级加工、高糖食品。后来,枣汁、复合枣汁、枣茶、复合枣茶、红枣果茶、速溶枣粉、枣珍、枣咖啡、复合枣咖啡、枣果酒等中级加工产品问世,丰富了人们的饮食习惯。近年来,河北农业大学通过研究,取得了一项国家发明专利,即"一种从枣中分离提取环核苷酸糖浆、膳食纤维和枣蜡的方法"(ZL 02130757.1),开发出了枣环核苷酸、枣多糖、枣膳食纤维和枣三萜酸等功能性新产品,为建立我国的枣果精深加工产业群提供了技术支撑,对红枣产品走向世界、走向全世界的非华人圈,提高枣产品的创汇能力奠定了良好的基础。

5. 国内外贸易

(1) 国内贸易 据国家统计局调查,2005~2007三年来,全国农产品批发市场枣果价格(1~12月份平均)逐年增加,上涨11%,3年平均每kg枣果售价9.7元(图1-3)。

冬枣作为我国近10年来新发展起来的第一大鲜食品种(目前全国栽培面积200多万亩),每kg售价在2006~2008年3年间已有所下降,2007年降到了8元/kg(图1-7)。在山东济南堤口果品批发市场,2007年12月1日,冬枣的最低批发价仅为

1.0元/kg；在北京市新发地农产品有限公司，2007年9月30日，个小的冬枣批发价为1.5元/kg，而个大的冬枣批发价高达15.0元/kg，二者相差10倍，说明鲜食枣中的优质大果型已成为国内鲜食枣消费的主要趋势。

金丝小枣是我国传统的第一大制干品种（目前全国栽培面积达400多万亩），在2004~2007年4年间，平均每kg售价仅为4.5元（图1-6），2007年降到了近5年来的最低，全年平均仅3.9元/kg。以2006~2008三年平均统计，在北京市良乡城东农产品市场，干红枣每kg售价12.9元；全国主要农产品批发市场的金丝小枣售价为5.5元，金丝小枣的售价仅相当于其他制干品种的42.6%。因此，金丝小枣价格下滑的事实，也为我们在栽培面积和产量大幅度增加时，如何提高枣果质量、提升单价和整体效益敲响了警钟。

整体而言，近年来我国枣果市场价格还是稳步上升（图1-3）。以干红枣为例，在北京市良乡城东农副产品市场，干枣的价格在2008年和2009年第一季度以50%的速度上涨（图1-5）；全国主要农产品批发市场金丝小枣的价格上涨了97.4%（2008年）、10.4%（2009年第一季度）。这其中虽然有2007年河北、山东、陕西和山西等产枣大省因果实熟期遇雨裂果导致全国红枣总产量有所下降（2007年全国枣果总产量303.1万吨）的因素，但比较旺盛的国内外消费是拉动价格上涨的主要因素。

枣果在我国古代是一种比较重要的粮食，在现代是一种公认的食、药同源的果品。据近3年（2005~2007年）的统计分析，大枣在国内市场主要有3个价格高峰期（图1-4）：一是7月份，平均每kg枣果售价高达12.4元；二是春节前的12月份至翌年1月份，价格保持在11.5元/kg；三是端午节前后的3~4月份和6月份。每年的7月份红枣的价格最高，与枣果旧、新交替，缺货有

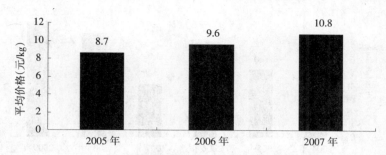

图1-3　全国农产品批发市场大枣价格年度变化

（资料来源：2008《中国农产品价格调查年鉴》）

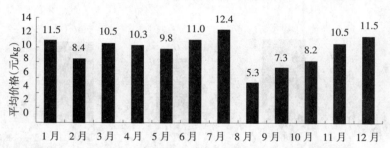

图1-4　全国农产品批发市场大枣价格月变化（2005~2007年）

（资料来源：2008《中国农产品价格调查年鉴》）

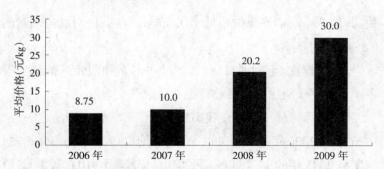

图1-5　2006~2009年第一季度北京良乡城东农副产品市场
干红枣价格年度变化

（资料来源：中国枣网—价格行情）

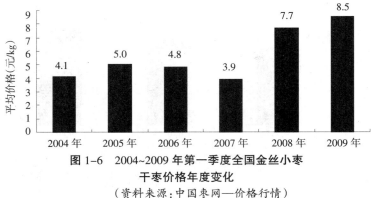

图 1-6　2004~2009 年第一季度全国金丝小枣
干枣价格年度变化
（资料来源：中国枣网—价格行情）

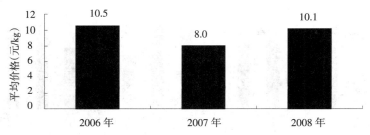

图 1-7　全国冬枣当年 9 月至翌年 2 月价格年度变化
（资料来源：中国枣网—价格行情）

关。其他两个时期枣果价格处于次高峰期，与我国对红枣消费的传统旺盛期有关。

总之，鲜食、干制消费、加工产品再消费和观光采摘消费等多样化的枣果利用和消费趋势正在形成和完善。

（2）国际贸易　红枣是我国出口创汇的优势农产品之一。从 1996 年到 2006 年共 11 年间，我国平均出口红枣 11 346.5 吨，最高是 2003 年的 17 483 吨；平均出口金额是 910.0 万美元，最高是 1996 年的 1 247 万美元（表 1-2）。近 11 年来，我国平均进口红枣 114.6 吨，最多是 1999 年的 943 吨；平均进口金额是 7.14

万美元,最多是 1999 年的 40 万美元。目前,世界上唯有韩国的枣树生产形成了规模化商品栽培,年总产量 2 万吨左右,不到近年来我国红枣总产量的 1%,每年从我国进口大量的干枣和初级加工产品。中国红枣出口量是进口量的 99.2%,表明我国是世界上枣树生产强国,在国际红枣贸易中占有绝对的主导地位。

目前,我国枣产品出口亚洲、欧洲、美洲和大洋洲的 20 多个国家和地区,但主要集中在中国港澳台地区及其他国家如新加坡、日本、马来西亚、韩国等亚洲华人聚集的市场,占外销量的 80~90%;其次,销往西欧、北美和澳大利亚等国家和地区。今后需要开拓其他非华人圈销售市场。我国出口的红枣产品,一是干枣,有金丝小枣、鸡心枣、灰枣、板枣、婆枣等;二是枣的初级加工产品,主要有蜜枣、枣酱、乌枣、贡枣等。

表 1-2　1996~2006 年中国红枣进出口贸易情况

年份	出口量（吨）	出口金额（万美元）	出口单价（美元/吨）	出口量/总产量（%）	进口量（吨）	进口金额（万美元）	进口单价（美元/吨）
1996	8895	1247	1401.9	1.14	9.50	1	1052.6
1997	7662	880.0	1148.5	0.82	35.0	1	285.7
1998	9643.7	832.0	862.7	0.87	69.8	2	286.5
1999	10369	686.0	661.6	0.94	943	40	424.2
2000	11241	636.0	565.8	0.86	—	—	—
2001	9024	628.0	659.9	0.69	16.0	1	625.0
2002	12277.3	794.0	646.7	0.78	44.9	2	445.0
2003	17483	984.0	562.8	1.02	0.60	—	—
2004	15796.2	1094	692.6	0.79	25.9	3	1158.3
2005	13080	1157	884.6	0.53	0.665	—	—
2006	9538.5	1072	1123.9	0.31	0.773	—	—
平均	11364.5	910	837.4	0.80	114.6	7.14	611.0

资料来源:《中国农业年鉴》

表 1-2 的统计资料也反映出几个问题:一是我国红枣的出口能力较弱。多年来,出口红枣仅占全国枣果总产量的 0.8%,最多的年份是 1996 年,出口比重是 1.11%,其次是 2003 年,出口比重是 1.02%;二是出口红枣产品的附加值偏低。11 年平均出口单价是每吨 837.4 美元,最高是每吨 1 401.9 美元,最低仅为 562.8 美元。也就是说 1 kg 红枣的出口价格不足 1 美元,相当于 6.6 元人民币(以 1 美元兑换 8.3 元人民币计算);三是近 4 年来 (2003~2006)红枣出口量逐年下降,出口比重下滑,但出口单价和金额却逐步上涨。这一方面反映出随着全国枣果总产量大幅度增长,由于国际红枣市场和消费人群并没有同步增长,国外红枣消费量有限;另一方面也反映出红枣出口大省和出口企业开始重视出口品种的质量和档次,保证了出口金额稳步增加。

表 1-3 我国主要省(市、自治区)近年来红枣出口贸易情况

		2002年					2005 年		
序号	省份	出口量(吨)	出口量/总出口量(%)	出口金额(万美元)	序号	省份	出口量(吨)	出口量/总出口量(%)	出口金额(万美元)
1	广东	7356.8	59.9	430	1	广东	5 020	38.4	1156.1
2	天津	1516.1	12.3	89	2	河北	2 640	20.2	361.8
3	河北	1405.5	11.4	112	3	天津	2 010	15.4	277.5
4	山东	869.7	7.08	54	4	广西	750	5.73	136.5
5	河南	524.3	4.27	48	5	山东	680	5.20	67.7
6	广西	184	1.5	15	6	福建	380	2.91	97.4
7	北京	97.9	0.8	13	7	内蒙古	310	2.37	36.7
8	浙江	67.2	0.55	9	8	新疆	300	2.29	14.2
9	湖南	54.7	0.45	4	9	河南	210	1.61	37.7

资料来源:《中国农业年鉴》

表 1-3 的统计资料显示,中国外销红枣的区域主要集中在南方的广东、北方的河北和天津。我国红枣出口大省是广东、河

北、天津、山东、广西、河南,分列前 6 位;而福建、内蒙古和新疆 2005 年的出口比重也达到了 2%~3%。广东省凭借着优越的出口地理位置,占据了全国近 50% 的出口比重,香港等地的转口红枣多来自广东省和其他内地省份。

第二节　宁夏枣树发展概况

一、枣树发展历史

1. 栽培历史

据考证,宁夏枣树栽培历史在 500 年以上。公元 1190 年,即西夏乾祐庚戌二十一年, 党项人骨勒茂完成了《番汉合时掌中珠》一书,在该书中就有关于宁夏圆枣(中宁圆枣)的记载,距今 800 多年。明代弘治和嘉靖年间"宁夏府志"灵武县志中,也有关于枣树栽培的记载。清朝乾隆年间(公元 1756 年后),时任中卫知县的黄恩锡在其《中卫竹枝词》中写的"亲串相遗各用情,年年果实喜秋成。永康酒枣连瓶送,蒸枣枣园凤擅名",在《春行杂咏》中写的"春行缓辔随骢马,一路看山到枣园",真实地描绘了 200 多年前卫宁平原栽培枣树以及枣果加工的繁荣景象。

2. 栽培面积和产量

新中国成立前,宁夏枣树生产极为落后。新中国成立后,宁夏的枣树生产开始恢复和发展。据 1981 年资料统计, 中宁、中卫、灵武 3 县(市)枣树面积占全区总面积的 94%、产量占全区总产量的 93%。截至 1983 年,全区枣树总面积仅 0.75 万亩;到 1990 年,全区枣树面积缓慢扩大到 0.87 万亩;1996 年底,全区枣树面积缓慢增加到 1.53 万亩。2000 年,中宁县枣树面积达 1.1 万亩。2003 年之前,宁夏枣树总面积不足 8 万亩,大部分枣园处于粗放管理或放任生长状态。

新中国成立时,全区年产鲜枣 34.5 万 kg。改革开放后的近 20 年,宁夏枣树栽培总面积一直没有明显增加,长期徘徊在 1 万亩左右。因而,从 1980~1996 年共计 17 年间,全区红枣年总产量一直徘徊在 200 万 kg 以下(图 1-8),最低的是 1990 年,年产 58.8 万 kg;最高的是 1982 年,年产 195 万 kg。从 1997 年开始,宁夏红枣年总产量进入了相对快速增长期。在短短的 6 年时间内,年总产量突破了 200 万 kg,至 2002 年,年总产量近 700 万 kg,6 年的产量总和相当于前 17 年总和的 1.31 倍。

3. 枣树分布、品种及科研简况

据袁志城等 20 世纪 80 年代的调查,北至石嘴山市的大武口区,南到固原市的彭阳县,西至中卫市沙坡头区,东到灵武市都有枣树分布,但宁夏地方优良品种——灵武长枣和中宁圆枣主要分布在引黄灌区两岸各县。

在宁夏,分布、栽培的枣树是普通枣和酸枣 2 个种,在年平均温度 7.0℃以上、海拔高度 1 000~1 800 m 的地区均有枣树栽培。但年平均温度 8℃以上、海拔高度 1 700 m 以下的地区是宁夏枣树优质栽培的主要区域。

新中国成立前,宁夏的枣树品种以地方优良品种——中宁圆枣为主,占当时中宁、中卫、灵武 3 县(市)当地枣树总数的 85% 以上;其次是灵武长枣,占灵武市枣树总数的 40% 左右。从 1963 年起,宁夏农学院和宁夏灵武园艺试验场先后从山东、山西、河南、浙江等省引进了金丝小枣、圆铃枣、长红枣、躺枣、壶瓶枣、灵宝大枣、灰枣、木枣、义乌枣、板枣、骏枣、婆枣、蛤蟆枣和相枣等16个品种。从1990年开始,宁夏林业技术推广总站进一步挖掘了灵武长枣、中宁圆枣、中卫大枣、同心圆枣和大武口枣5个地方优良品种;引进了26个枣树品种,最终筛选出了适合宁夏枣区栽培、推广的优良品种12个,其中:鲜食品种2个,即灵武长枣和梨枣;制干品种2个,即木枣和相枣;鲜食和制干兼用品种7个,即骏枣、宁夏小圆枣(中宁圆枣)、赞皇大枣、大武口枣、同心圆枣、板枣、灰枣;加工蜜枣品种1个,即中卫大枣,从而进一步丰富了宁夏枣树品种资源。

20世纪80年代中期,成功研究了中宁圆枣的根蘖归圃育苗技术。90年代以后,区内多家单位相继开展了枣树的酸枣嫁接育苗技术研究与示范;枣树嫩枝扦插育苗获得了成功;在中宁县、青铜峡市和银川市等引黄灌区,研究提出了中宁圆枣、梨枣等品种的矮化、密植栽培配套技术。

图1-8　宁夏红枣总产量变化

(资料来源:《中国农业年鉴》)

二、枣树产业发展现状

2003年起,随着宁夏新一轮农业产业结构调整,自治区人民政府出台了(2003)115号文件,即《宁夏优势特色农产品区域化布局及发展规划(2003~2007年)》,拉开了全区枣产业化发展的帷幕。经过5年的快速发展,枣产业表现出以下几方面的特点:

1. 种植面积迅速扩大、总产量显著增加

截至2007年,全区枣树总面积达到了43万亩,相当于2003年之前23年(1980~2002年)总面积(8万亩)的5.4倍。初步形成了中宁县、灵武市、中卫城区、同心县、海原县和盐池县6个主产区(表1-4)。2003年至今,宁夏红枣年总产量进入了相对迅猛增长期(图1-8)。仅仅4年的时间,总产量突破了1 000万kg。2006年达到2 010.4万kg,4年产量总和相当于2003年之前23年(1980~2002年)总和(5 093.5万kg)的1.16倍。2007年总产量飙升到3 190.5万kg,比2002年增长了3.6倍,鲜枣年总产值达1.2亿元人民币左右。

2. 区域化布局正在形成

目前,以灵武市为中心,在引黄灌区,形成了以灵武长枣为主栽品种的鲜食产业带。以同心县为中心,在扬黄灌区和风沙干旱区,初步形成了以同心圆枣和中宁圆枣为主栽品种的制干、加工产业带。以中卫环香山地区、中宁县的天景山和大青山为中

表1- 4　2007年宁夏各县(市)枣树面积和产量情况

县(市)	面积(万亩)	面积/全区总面积(%)	产量(万kg)	产量/全区总产量(%)
中　　宁	10	23.3	1 300	40.7
灵　　武	8.5	19.8	500.0	15.7
中卫城区	5.2	12.1	144.7	4.54
同　　心	5.0	11.6	300.0	9.40
海　　原	3.6	8.37	25.1	0.79
盐　　池	1.9	4.42	6.55	0.21
其　　他	8.8	20.5	-	-

心,在中部干旱带压砂地,初步建立了10万亩以中宁圆枣为主栽品种的制干红枣基地。

3. 良种和酸枣嫁接繁育体系形成

灵武长枣、中宁圆枣和同心圆枣先后通过了自治区良种审定,应用推广率达70%。全区60%~70%的苗木实现了酸枣嫁接繁殖,并在灵武、中宁和同心建立了3个千亩专业化苗木繁育基地。

4. 集约化栽培的规模和标准逐步提高

随着良种集约化栽培面积的逐步扩大,出现了5个万亩红枣基地,40多个千亩园和百亩园。引(扬)黄灌区枣树亩栽55~110株,中部旱作区亩栽22~37株,实现了枣树由零星、庭院种植到集中连片、矮化栽培的转变。

5. 品牌效应初步凸显、食品安全性逐步提高

"灵丹"牌灵武长枣已成为宁夏和中国名牌产品。"灵州红"和"灵武红"灵武长枣也在积极争创名牌。灵武市被国家林业局命名为"中国灵武长枣之乡",灵武长枣获得了地理标志产品认证,2万亩灵武长枣通过了中国绿色食品A级认证。同心县注册了"同心圆枣"商标。中宁县有5.8万亩中宁圆枣通过了无公害农产品基地和产品认证,2千亩通过了国家绿色食品认证。中卫城区有2万亩枣树通过了无公害农产品基地和产品认证。

6. 组织化程度逐步提高、龙头企业的作用逐渐显现

近年来,相继出现了中宁红枣协会、灵武长枣协会、同心县圆枣协会和15个红枣专业合作组织;涌现出了12家自治区级、县(市)级的涉枣农业产业化龙头企业,如灵武市果业公司、中宁早康公司、宁夏红枸杞集团公司、宁夏天予枣业公司等。通过实施企业、红枣合作组织和协会带动战略,形成了初步的"公司/红

枣合作社/红枣协会+基地+农户"的经营运行模式。

7. 市场营销体系已具雏形

通过政府引导,企业、红枣合作经济组织、红枣协会和贩运大户积极参与的市场体系初步建立。目前,全区已建立红枣批发市场 6 处,150 多人的专业销售队伍活跃在市场上,年销售干鲜枣果近 700 万 kg;建立微型节能冷库 85 座,年贮量达 80 多万 kg。形成了飞机、集装箱和卡车等形式的物流贮运模式,使鲜枣走出了区门和国门。灵武长枣远销广州、深圳等地,每 kg 售价 15~25 元;中宁圆枣南下成都、遵义等地,每 kg 售价 6 元以上;同心圆枣干枣荣获中国首届枣产业大会金奖,并在 2007 年上海经贸洽谈会上每 kg 售价高达 60 元。

三、枣树科技现状

近 10 年来,宁夏农林院、校和各级技术推广部门在枣树品种、栽培、贮藏保鲜、加工、标准制定和科技信息服务平台建设等方面,开展了相关研究、示范和推广,获得了自治区科技进步二等奖 1 项、三等奖 3 项、登记成果多项,为宁夏红枣产业的快速发展提供了初步的技术和人才支撑。

1. 品种与苗木

(1)引种 20 世纪 90 年代初期,宁夏先后引进了 26 个枣树品种,从参试的 21 个品种中,选出了适合宁夏引黄灌区栽培的 12 个品种。其中,鲜食品种 2 个,分别是灵武长枣和梨枣;制干品种 2 个,分别是木枣和相枣;鲜食制干兼用型品种 7 个,分别是骏枣、中宁圆枣、赞皇大枣、同心圆枣、大武口枣、灰枣和板枣;蜜枣品种 1 个,即中卫大枣。

(2)选优 灵武长枣、中宁圆枣、同心圆枣和中卫大枣是原产于宁夏的地方优良品种,栽培历史 500 年。"十五"后,宁夏加大了对地方良种的选优、提纯复壮力度。目前初选出了 30 多个优良单株,利用 DNA 分子标记技术进行辅助预选。宁夏农林科学院选育的灵武长枣 2 号通过了良种认定,栽培示范 1000 余亩,繁殖苗木 20 多万株。宁梨巨枣品种在生产上开始应用。

（3）苗木繁育 宁夏枣树苗木的繁育经历了根蘗繁殖、归圃育苗、嫩枝扦插育苗和酸枣嫁接育苗 4 个时期。科技人员对酸枣核、酸枣仁播种,接穗蜡封,劈接等关键技术进行了大量研究与示范,酸枣嫁接繁殖技术已成为生产上主导性的育苗技术。

（4）品种抗寒性 经过 2002/2003 年、2007/2008 年冬春季冰雪低温冻害的检验,中宁圆枣、同心圆枣和灵武长枣地方优良品种的抗寒性比引进的冬枣、梨枣和赞皇大枣等大部分品种强。中宁圆枣树体受冻的程度和范围明显比灵武长枣轻、小;中卫大枣也表现出较强的抗寒性;同心圆枣抗寒性居中。

2. 栽培技术

（1）栽培方式发生了转变 规模化栽培替代了过去的零星、庭院种植。

（2）矮化密植栽培 在引(扬)黄灌区,灵武长枣和中宁圆枣采用密植(亩栽 55~110 株)、矮化(树高 3.0 m)技术,实现了早期丰产。株行距 3 m×4 m 的灵武长枣 2 号示范园,创造了定植第三年亩产 185.9 kg、第四年 619.9 kg、第五年 1 239.7 kg 的历史新记录。

（3）集约化管理 枣树实现了由过去的"三不管"(不修剪、不施肥和不打药)到目前的四季修剪、基肥化肥配施、花期喷赤霉素提高坐果率的集约化栽培管理转变。枣瘿蚊、桃小食心虫、枣叶壁虱、红蜘蛛、枣尺蠖、枣大球蚧、梨圆蚧、大青叶蝉和红缘天牛等害虫的无公害综合防控技术体系形成，在生产中发挥了良好的效果。

（4）老树更新复壮技术　采取高位截干更新技术，实现了百年生中宁圆枣老树第三年基本恢复产量。

（5）压砂地栽培枣树获得了成功，初步研究了中宁圆枣的配套栽培技术。

（6）枣树日光温室提早成熟栽培实现了零突破，研究了灵武长枣和梨枣提早成熟 1 个月的配套栽培技术，达到了株距 0.7~1.0 m×行距 1.5~2.0 m、栽后第二年亩产 500 kg、第三年亩产1 500 kg 的目标。

3. 制定实施了系列技术规程

自 2005 年开始，宁夏农林科学院率先主持制定、并由自治区质量技术监督局发布实施了在宁夏红枣发展史上具有里程碑意义的 3 个灵武长枣地方标准之后，截至 2008 年底，全区共制定、发布和实施了 9 个宁夏地方标准和 4 个农业标准规范。其中，有 6 个灵武长枣地方标准，分别是《灵武长枣苗木繁育技术规程》《灵武长枣栽培技术规程》《鲜灵武长枣》《地理标志产品灵武长枣》《灵武长枣有害生物防控技术规程》《灵武长枣日光温室促成栽培技术规程》；2 个同心圆枣宁夏地方标准，分别是《同心圆枣栽培技术规程》和《同心圆枣》；1 个《宁夏干旱带压砂地枣树栽培技术规程》。有 4 个农业标准规范，分别是《中宁圆枣栽培技术规程》《中宁圆枣》《中宁圆枣贮藏管理技术规程》和《中宁圆枣包装材料技术规程》。

4. 贮藏保鲜

自 2000 年起，宁夏农林科学院开始了灵武长枣和中宁圆枣采前采后生理生化特性和贮藏保鲜技术的研究，后来天津科技

大学、甘肃农科院、中国林科院、陕西师范大学等单位也对灵武长枣的贮藏保鲜技术进行了广泛研究,取得的成果有:

（1）研究明确了灵武长枣和中宁圆枣采前果实成熟期和采后贮藏期果肉硬度、主要营养成分、淀粉和果胶含量变化规律。

（2）灵武长枣呼吸强度较大,但呼吸跃变类型因果实成熟期而异,白熟期的为非跃变型,脆熟大半红期的为跃变型。

（3）初步明确了灵武长枣贮藏期适宜的臭氧质量浓度为100 μg/L;最佳气体成分配比为 $2\%CO_2+7\%O_2+91\%N_2$。

（4）自主研发了枣果保鲜剂、气体调节剂和气流干燥机,引进了微孔保鲜膜袋、纳米果蜡等生物制剂。

（5）实现了灵武长枣实验室低温保鲜 90 天、硬好果率90%;商业低温保鲜 30~50 天、硬好果率大于 80%。

（6）较系统地提出了宁夏鲜食枣中短期贮藏保鲜的配套技术,其中"微型冷库+保鲜袋+保鲜剂"为主要贮藏保鲜技术模式。

（7）宁夏大学研制了灵武长枣计算机图像处理无损自动分级机。

5. 干制和加工

（1）制干技术落后　在总量不足的情况下,自然晾晒是宁夏红枣制干的主要方式,但卫生安全性低、维生素 C 损失大、外观质量差。室内阴干、清洗、分级烘干和真空包装也悄然出现。

（2）加工产品花色品种少、档次低　主要是系列营养醉枣、蜜枣、枣酱、水晶枣、空心枣、枣含片、灵武长枣果酒和枸杞果酒。

6. 科技信息服务平台建设

宁夏三农呼叫中心、农业科技 110、灵武长枣信息网等信息网络的建设,构建了较完备的"区、市（县）、镇（乡）、村、队、户"六级服务网络,提供了技术信息,成立了技术服务团,开展了大量的技术培训和信息服务工作。

四、枣产业存在的主要问题与对策建议

1. 主要问题

(1)规模偏小、集中度不够 2007 年全区枣树栽培面积已达 43 万亩,但与全国 5 个红枣主产区及异军突起的新疆新产区相比,依然显得微不足道。尽管中宁县、灵武市和中卫城区初步形成了一定的规模,但中部干旱带上的同心、红寺堡、海原、盐池 4 县(区)种植面积小、分散,没有形成较大的规模。

(2)基层技术推广能力严重不足、农民素质亟待提高 据统计,全区现有涉枣果树技术推广机构 8 个,其中市级 2 个、县级 6 个。目前, 从事果树和其他经济林技术推广的人员达 160 多人,但专门从事枣树技术推广的人员不足 20 人,造成枣树新技术普及力度不够,重发展轻管理的现象比较严重。各红枣主产县(市、区)也普遍存在重结果树管理、轻幼树管理的不良习惯,造成幼树成形慢, 不能及时进入盛果期。这是全区红枣总产量不高、整体效益低下的一个主要原因。

自 2000 年之后,随着鲜枣和干枣价格的攀升,中宁县石空镇、灵武市东塔镇和临河镇的一部分枣农率先重视枣树的田间管理。但绝大部分枣农严重缺乏种植、生产、贮藏和运销等方面的技术和知识,加上近几年农村的劳动力多数是“老妇幼”,更增加了现代枣业知识在广大农村普及的难度。这是宁夏红枣产业整体效益低下的另一个主要原因。

(3)科技支撑能力不强 从 1949 年新中国成立至 2003 年之前,宁夏枣树发展极为缓慢、基础十分差。先后进行了 2 次品

种引进研究;进行了根蘖归圃、嫩枝扦插和酸枣嫁接育苗技术研究;进行了中宁圆枣和梨枣的矮化密植丰产栽培技术研究。2003年,我区迎来了枣树大发展的新机遇;2006年,红枣被自治区党委和政府确定为一个新型的优势特色产业。虽然近年来加大了研发力度,产生了一批科研成果,但由于从事该领域的研究单位和研究人员的数量相对不足,与枸杞等其他5个战略性主导产业相比,科研成果形成的相对较慢、数量较少,没有构建起强有力的科技创新支撑体系。

(4)枣农组织化程度偏低、龙头企业带动力弱 近年来,虽然全区产生了3家红枣协会、15个不同形式的红枣专业合作组织,涌现出了12家中小规模的自治区级、县(市)级的农业产业化龙头企业。但红枣合作社、红枣协会、企业数量少、规模小、服务程度低、带动能力弱,与枣农建立的"利益共享、风险共担"机制相当松散,"订单枣业"几乎是零。

(5)市场发育不够、产品竞争力不强 目前,全区已建立了中宁县石空镇高山寺等小型红枣批发市场6处,但由于红枣总量不足,缺乏大型的专业批发市场和物流中心。冷链贮运体系不健全,灵武长枣鲜枣少量"空运"销往广州、深圳等地;中宁圆枣鲜枣大量"路运"销往成都、遵义等地。同时,品牌不亮、宣传推介力度不够等因素,造成国内市场的占有率和占有份额较低,产品竞争力亟待增强。

(6)投融资渠道单一 目前,受多种因素的制约,宁夏红枣产业在发展过程中依然普遍存在投资不足、融资单一、金融扶持力度小、风险防范机制不健全等突出问题。在农村,如何建立现代金融体系,拓宽投融资渠道,调动企业、专业经济合作组织、枣农和社会力量共同参与、推进枣产业持续健康发展,是各级政府和社会共同持续关注的大事。

2. 对策建议

目前，我国枣产业正处在规模扩张型向质量效益型转变的关键时期。宁夏的枣产业仍在初级水平徘徊，即基地规模扩张阶段。今后5年乃至更长的时期,引(扬)黄灌区灵武、中宁等地的矮密枣园,按照"提质、增效、扩量"的原则发展;中部干旱带同心、红寺堡、海源、盐池等地,按照"扩量、增效、提质"的原则,以同心圆枣和中卫大枣为主栽品种,扩大种植规模。

(1)加快主产县(市、区)建设步伐,提高产业发展集中度　截至2007年,全区枣树总面积达43万亩。2008年,自治区人民政府重新制定了我区农业特色优势产业5年规划,出台了《宁夏农业特色优势产业发展规划(2008~2012年)》。规划到2012年,全区红枣总面积达140万亩,其中在中部干旱带新发展80万亩。具体为:灵武市14.01万亩,其中新增5.51万亩;盐池县7.01万亩,其中新增5.1万亩;同心县28万亩,其中新增23万亩;红寺堡14.4万亩,其中新增13.7万亩;中卫城区26.04万亩,其中新增20.8万亩;中宁县26.44万亩,其中新增16.4万亩;海原县9.1万亩,其中新增5.5万亩;其他县(市)15万亩,其中新增7万亩。

(2)加大基层技术推广人员、"田秀才"、"土专家"的培养力度,提升枣农的科技素质　一是要采取多种优惠政策,吸引涉农院校的毕业生走向基层,增加基层从事枣树新技术示范和推广人员的数量。二是要深入贯彻自治区《关于加快基层农业科技服务体系改革与建设的意见》,建立激励机制,量化考核内容,健全切实可行的评价制度,鼓励农林业技术人员常年包基地、包示范园区、包村包户,健全工作业绩与工资、补贴、职称晋升和休假、体检等待遇密切挂钩制度，调动他们深入红枣生产第一线的积极性。三是要大力推广酸枣嫁接、归圃育苗技术、苗木定植、建园技术，密植矮化、四季修剪、提高坐果率、害虫无公害防控技术，鲜枣贮运保鲜技术，以及9个宁夏枣树地方标准和4个农业枣树标准规范，着力提高我区现有枣园的产量、质量和枣产业的整体生产技术水平。四是要以"百万农民培训工程"、"科技入户工程"、"科技特派员创业行动"等为抓手，培养一大批"学科学、用科技、懂管理和善经营"的现代枣农，大力提升他们的文化、科技和管理素质，为红枣产业持续健康发展提供原动力。

（3）强化科技创新支撑能力　一是要提高科研院所、大专院校、企业和民办研究所从事红枣相关研究、开发人员的比例。二是要整合各类科研力量和技术资源，实施、推进自治区重大科技专项"红枣产业科技创新与技术推广计划"，重点在地方优良品种选优、提纯复壮、中部干旱带高效节水丰产栽培技术、引（扬）黄灌区优质绿色高效栽培技术、一年二熟日光温室栽培技术、干制及深加工技术等方面进行原始创新、集成创新和引进消化吸收再创新。建设引（扬）黄灌区鲜食枣矮密、优质、绿色（有机）、高效生产科技示范园区；中部干旱带同心圆枣高效节水栽培科技示范园区；压砂地持续利用、制干、加工枣科技示范园区。推进红枣产业技术研发、示范、推广有机结合，构建起产前、产中、产后各个环节紧密衔接、环环相扣的现代枣业技术创新支撑体系，推动红枣产业提质、扩量、增效，使产业化经营在更高、更实层次上又好又快发展。

（4）着力提高枣农组织化程度和龙头企业的带动能力　支持龙头企业、红枣合作经济组织、农林业科技人员和农村能人，创办或领办各类中介服务组织，培育扶持红枣大户和经纪人队伍，提高枣农的组织化程度。加大对龙头企业基地建设、技术改造、新产品开发、品牌创建、市场开拓等支持力度,扶持壮大一批龙头企业集团,不断提高鲜枣贮运、制干、加工转化率。大力发展"订单枣业",鼓励龙头企业、红枣合作经济组织等与枣农签订产销合同,为枣农提供种植技术、市场信息、生产资料、产品销售等全方位服务。推广"企业+合作经济组织+农户+基地"等发展经营模式,引导企业与枣农建立更加紧密、合理的利益连接机制,结成收益共享、风险共担的利益共同体。

(5)加强市场流通体系建设 大力扶持红枣流通龙头企业,着力培育红枣市场经营主体,鼓励枣农创办贮运销售组织,大力发展民间经济人队伍,提高红枣贮运能力。在红枣总量显著增加、条件成熟时,在灵武、同心等地,建设产地专业批发市场,提高红枣集散速度,形成产地市场、批发市场、终端消费市场相衔接,农资供应、产品销售相配套的市场网络。最终实现红枣连锁经营、统一配送和电子商务等现代交易方式,拓展外销渠道。支持龙头企业实施名牌战略和商标战略,积极申报地理标志产品、驰名商标和名牌产品。实施"引进来"和"走出去"战略,通过举办"红枣节"、参加区内外农产品展示展销等活动,不断提高宁夏红枣市场知名度,扩大市场占有率。

(6)加大投融资扶持力度 进一步整合财政支农、农业综合开发、水利、扶贫、科技专项等方面的资金,以促进红枣产业又好又快持续发展。探索枣农通过资金、技术、土地承包经营权、劳务等生产要素入股,发展红枣产业的新模式。进一步完善农业政策性担保、财政贴息贷款等政策,加大对龙头企业、红枣专业经济合作组织、种植大户等的金融扶持力度。支持龙头企业通过承贷承还方式资助枣农,为他们提供小额信用贷款。各级政府在加大招商引资力度、灾害(树体冻害和果实雨裂)保险等方面要提供更优质的服务。

(7)提高红枣质量安全水平 推进标准化、无害化生产覆盖红枣生产、流通和加工各个环节。加快无公害红枣、绿色红枣和有机红枣认定和认证,强化企业质量管理体系认证。严格产地环境、投入品使用、生产过程、产品质量全过程质量监控,加大例行检测和监督抽查力度,实现红枣从农田到餐桌的全程控制,确保红枣质量安全。

第二章 地方优良品种

第一节 灵武长枣

灵武长枣,又名宁夏长枣,别名马牙枣。原产于宁夏灵武市东塔镇园艺村一带。现存有 8 270 株百年生以上的老树。园艺村李鞑子洼周围现有 13 株干周大于 2.0 m 的古树,树龄 140~150 年。灵武长枣的栽培历史有 500~800 年。

果实中等大,长柱形略扁或长椭圆形。平均单果重 13.0 g,头蓬果平均重 15~16 g,最大 40 g,纵径 3.0~4.5 cm、横径 2.5 cm 左右,大小较整齐。果面光洁、果皮紫红色、充分成熟时阳面有紫黑斑,果点红褐色、不很明显、中密,果顶稍凸或凹陷。果肉白绿色、质地酥脆、汁液中多。鲜枣含可溶性固形物 28.9%,总糖 25.3%,总酸 0.42%,水分 68.6%,维生素 C 378.8 mg/100g。可食率 95.0%,鲜食品质上等。果核较大、长纺锤形、长短为 2.9~3.4 mm×0.6~0.7 mm,核重 0.7~1.0 g。核纹浅、细长。

在产地,4 月下旬萌芽,5 月上旬展叶,5 月底至 6 月上旬初花,6 月中下旬盛花;新枣头花期延续到 8 月上旬,盛花期在 7 月上中旬。果实 8 月底至 9 月上旬开始着色,9 月中旬至 10 月上旬全红脆熟,果实生育期 100 天左右。10 月中旬落叶。

老树树姿较直立、树体高大,顶端优势明显。成龄树树干灰褐色、树皮粗厚、裂纹较细窄、条块状、不易剥离。一年生枣头枝红褐色、强壮,生长量 30~50 cm,抽二次枝 5~7 个。幼树枣头枝长 50~100 cm,抽二次枝 10~18 个,二次枝平均节位数 6~9 个。新枣头基部的枣吊区长 17~27 cm, 能培养 4~5 个木质化枣吊,枣吊长 30~40 cm,平均坐果 10 个左右,最多 24 个。枣股(结果母枝)短圆锥形,长 2 cm 左右,枣股结果年龄达 8 年左右,两侧具有长短不一的针刺,不易脱落。枣股抽生枣吊 1~5 个,枣吊长 12~23 cm,坐果 1~5 个,节间长 1.2~2.3 cm,着生叶片 8~18 片。叶片中大、长卵圆形、绿色有光泽、主叶脉明显、叶片平均长 5.6 cm、宽 2.7 cm,叶尖渐尖、叶基圆形或宽楔形、叶缘锯齿钝。花多、较大、花径 6.9~7.0 mm,蜜盘直径 3.5 mm,花瓣浅黄色,萼片绿色、白昼裂蕾开花。

据宁夏农科院红枣品种选育课题组调查研究, 初步将灵武长枣品种分为 5 个类型。一是普通灵武长枣。果实长柱形略扁,头蓬果平均重 15 g 左右。二是大果型的灵武长枣。头蓬果长椭圆形、重 21 g 左右,比普通灵武长枣重 5 g 左右,在温室栽培条件下最大果重 70.0 g,二、三蓬果的形状和质量与普通灵武长枣无明显区别;一次枝和二次枝的针刺比普通灵武长枣长 1 倍左右;进入脆熟期后,果实抗风能力较强,不易落果。大果型灵武长枣密植示范园(3 m×4 m),第三年每 667 m² 产鲜枣 185.9 kg、第四年 619.9 kg,第五年 1 239.7 kg。5 年生树干径达 7.0~7.2 cm、树高 330~350 cm、冠幅 261.0~283.3 cm×286.0~303.0 cm。盛果期的树产鲜枣 40~50 kg,30 年以上的大树产鲜枣 100~150 kg。三是细颈果型的灵武长枣。果实长柱形略扁,较细长,人称"细脖子枣",头蓬果平均重 14 g。四是针刺退化型的灵武长枣。最大特点是针刺明显退化,叶片较长、较大、叶缘略向上卷曲,比普通灵武长枣丰产。五是早熟型的灵武长枣。成熟期比普通灵武长枣提前5~7天，果实形状有长柱形略扁、长椭圆形等，单果重和普通灵武长枣相近。

灵武长枣树势强旺、耐盐碱、喜肥水、抗寒性稍差、遇雨裂果较轻。果实中大，肉质酥脆、甜酸适中，适于鲜食和制作醉枣，品质上等，为优良的中熟鲜食品种。适宜引黄灌区密植、规模化栽培和庭院种植，加强土、肥、水和花果管理能提高产量、品质。

第二节　中宁圆枣

中宁圆枣又名宁夏圆枣、宁夏小圆枣，别名小圆枣、蚂蚁枣。原产于宁夏中宁县石空镇枣园堡一带，主要分布于宁夏的中宁县、中卫城区和灵武市，连片栽培。有 800 年的栽培历史，目前仍保留着树龄 300 年以上、结果累累的老古树。

果实小，短柱形、圆筒形，平均单果重 6.3 g、最大果重 9.0 g，大小较均匀。果顶平。梗洼中深广。果面平滑光亮，果皮薄、深红色。果点小、近圆形、密而明显。果肉白绿色，质地致密细脆，汁液中多或多，酸甜适口。鲜枣含可溶性固形物 35.0%，含糖量28.9%，酸 0.5%，维生素 C 599.6 mg/100 g。可食率 96.0%左右。制干率 50%左右。鲜食、制干皆优，品质上等。果核小、倒卵形、核重 0.2~0.5 g，核纹浅、粗短，核内无种仁。

在产地，4 月下旬萌芽，5 月上旬展叶，5 月底至 6 月上旬始花，6 月中旬盛花，8 月中下旬果实着色，9 月上中旬全红脆熟，果实生育期 90~95 天，10 月中旬落叶。

树体较大，树姿较开张，树冠多呈自然圆头形，树势中庸。树干灰褐色、皮粗厚、纵裂、不易剥离。枣头棕红色或褐色,2年生枝灰褐色或灰白色。皮孔灰白色、圆形或椭圆形、稠密较明显。枣股圆锥形、黑褐色、最长 3 cm,连续结果 10 年左右。每枣股抽生枣吊 1~6 个、以 3~4 个居多。枣吊长 14~25 cm、中等粗,着生叶片 10~16 片。叶片小而薄、卵圆形或长卵圆形,长 4.8 cm、宽 2.3~2.5 cm。叶尖尖圆、叶基圆形、叶缘具粗锯齿。叶片深绿色、有光泽。花大、花中多,花径 8 mm、花瓣浅黄色、萼片黄绿色、较窄长。

中宁圆枣适应性强,树体强健,抗寒、抗旱、耐盐碱、耐瘠薄,是鲜食和制干兼用的优良品种。该品种适宜引(扬)黄灌区种植,但应选育核更小或退化、含糖量更高的品系作为加工良种来发展。

第三节 中宁大红枣

中宁大红枣原产于宁夏中宁县,主要分布在曹桥、鸣沙和枣园一带, 上世纪多零星栽培,2000 年以后开始连片栽培或与中宁圆枣混杂成片种植。来源和栽培历史不详。

果实中等偏小,长圆形或倒卵形,老树平均单果重 8.0 g、幼树平均单果重 10.0 g、最大果重 18.3 g,大小较均匀。果顶平或浅凹有纵沟。梗洼中深广,环洼浅较大,果柄长 4~4.5 mm。果面平滑光亮,果皮较薄、紫红色。果点中大、褐色、明显。果肉白绿色,质地较细、稍硬,汁液中多,酸甜适口。鲜枣含可溶性固形物 28.8%,含糖量 25.4%,酸 0.48%,维生素 C 451.5 mg/100g。可食率 95.0%左右。

干枣(水分 29.5%)含总糖 58.2%、总酸 0.63%、蛋白质 3.0%、脂肪 0.67%、纤维 4.93%、维生素 C 7.4 mg/kg、维生素 B_1

0.27 mg/kg、维生素 B$_2$ 0.18 mg/kg。制干率 43.0%左右。可鲜食和制干，品质中上等。果核略大、倒卵形、核重 0.3~0.5 g、核纹浅短，核内无种仁。

在产地，4 月下旬萌芽，5 月上旬展叶，5 月底至 6 月上旬始花，6 月中旬盛花，8 月中旬果实开始，9 月上中旬全红脆熟，果实生育期 90 天左右，10 月中旬落叶。

树体较高大，树姿半开张，树冠长椭圆形或圆头形。树干淡灰褐色、树皮裂纹中深、不易剥离。枣头棕红色，2 年生枝灰褐色或灰白色。皮孔灰白色、圆形、较大。枣股圆锥形、黑褐色、最长 3 cm，连续结果 10 年左右。枣吊长 10~18.4 cm、中等粗，着生叶片 9~13 片。叶片中等大、卵圆形或长卵圆形，长 5.3 cm、宽 2.8 cm。叶尖钝、叶基圆形或楔形、叶缘锯齿较细。花多而大、花中多，花径 8 mm、花瓣浅黄色、萼片黄绿色、较窄长。

中宁大红枣适应性强，树体强健，丰产稳产，抗旱、耐盐碱、耐瘠薄，尤其是抗寒性更强。受 2000 年以来的 2 次冬季(2002/2003 年、2007/2008 年)冰雪低温天气的检验，受冻范围、树体受冻程度较轻。该品种适宜引(扬)黄灌区种植，压砂地的脆熟期果实遇雨易裂果，应选育果肉更酥脆的大果型品系作为优质鲜食良种来发展。

第四节　同心圆枣

同心圆枣是宁夏林业技术推广总站于 1990 年后挖掘命名的一个良种。原产于同心县喊叫水乡(现划归中宁县)和王团镇。在中宁县喊叫水乡，保存有数株上百年生的大树。

果实中大,圆筒形或卵圆形,纵径 3.6~3.9 cm、横径 3.0~3.4 cm。平均单果重 19.0 g、最大 28.3 g,大小较均匀。果面光滑,果点大而少、明显。果皮较薄(水地)或较厚(旱地),深红色、充分成熟时阳面有紫黑斑。果实顶部浅凹成纵沟,梗洼中深中宽,果梗长 4 mm。果肉绿白色,质地疏松,汁液中或中多,味较甜。鲜枣含可溶性固形物 25.0%~26.0%,含糖量 22.0%,水分 69.6%,总酸 0.41%,总抗坏血酸 365~401 mg/100g。干枣(水分 29.3%)含总糖 57.4%、总酸 0.45%、蛋白质 3.29%、脂肪 0.87%、纤维 5.7%、维生素 C 7.3 mg/100g、维生素 B_1 0.24 mg/100g、维生素 B_2 0.14 mg/100g。可食率 95.0%,制干率 37.0%左右。鲜食较好、制干优,品质中上等。果核中大、短纺锤形、核重 0.8 g 左右、核面粗糙、沟纹深。

在产地,4 月下旬萌芽,5 月上旬展叶,6 月上旬始花,6 月中旬盛花,8 月中下旬果实着色,9 月上中旬全红成熟,果实生育期 90 天,10 月中旬落叶。

树体较大,树姿开张,树冠圆头形,树势较强。主干灰褐色、皮纵裂、裂纹浅、易剥离。当年生枣头红褐色,2 年生枝灰褐色。皮孔灰白色、较稠密、突起。枣股圆锥形、肥大、两侧有长刺。每枣股抽生枣吊 1~6 个、以 2~3 个居多。枣吊长 12~30 cm、着生叶片 9~19 片。叶片大、深绿色,长 6.5 cm、宽 3.4 cm。

同心圆枣树势强健,发枝力强,抗旱力强、耐贫瘠、抗寒,结果早、丰产稳产,果实大,是一个制干和鲜食兼用的良种。

第五节　中卫大枣

中卫大枣,别名驴粪蛋枣。主要分布在中卫城香山乡的南北长滩、沙坡头一带,同心县王团镇有零星栽培。栽培历史500余年。

果实中大,椭圆形或近圆形。平均单果重 19 g,最大 30 g,大小较均匀。果顶平或微凹,柱头遗存。梗洼中深广。果面平整光滑,有光泽。果皮深红色,果点褐色、明显。果肉绿白色,质地致密疏松,汁液中或偏少,果实甜味淡。鲜枣含可溶性固形物 25.0%,总糖 23.2%,总酸 0.46%,维生素 C 430.6 mg/100g。可食率 95.0%。适宜制作蜜枣等加工品,品质中上等。果核纺锤形,纵径 2.4 cm、横径 1.1 cm,核重 0.8 g 左右。核内有种仁、多不饱满。

在产地,4 月下旬萌芽,5 月上旬展叶,5 月下旬始花,6 月中旬盛花,8 月下旬开始着色,9 月中旬全红成熟,果实生育期 90~95 天,10 月中旬落叶。

树体较大,树姿开张,树冠自然圆头形,干性较强,树势较强。主干灰褐色,皮纵裂,裂纹较深,不易剥落。新枣头绿褐色,长 40~70 cm,皮孔灰白色、椭圆形、小而密。二次枝长 12~45 cm,有 3~7 节、灰白色。枣股圆锥形、褐色、中大、持续结果达 15 年左右。每枣股抽生枣吊 1~5 个,长 7~23 cm,着生 7~13 片叶。叶长 5.5 cm,叶宽 3.0~3.5 cm。叶片卵圆形、深绿色、有光泽。叶尖尖圆,叶基扁圆形,叶缘钝锯齿,叶柄长 0.3~0.5 cm。花量多,每花序有 1~7 朵单花。

中卫大枣适应性强,树势中庸健壮,抗旱、抗寒、耐瘠薄,丰产稳产。果实大,抗裂果,水分较少,是适宜干旱山区栽培的优良蜜枣和加工品种。

第三章 灵武长枣苗木繁育技术规程

1 范围

本标准规定了灵武长枣苗木繁育的苗圃地选择、育苗方法、苗期管理、苗木出圃。

本标准适用于宁夏引(扬)黄灌区及其他适宜发展灵武长枣地方的苗木繁育。

其他枣树品种的苗木繁育可参照本标准执行。

2 规范性引用文件

下列文件中的条款通过本标准的引用而成为本标准的条款。凡是注日期的引用文件,其随后所有的修改单(不包括勘误的内容)或修订版均不适用于本标准,然而,鼓励根据本标准达成协议的各方研究是否可使用这些文件的最新版本。凡是不注日期的引用文件,其最新版本适用于本标准。

GB 5048—1992 农田灌溉水质标准

DB13/T 481—2002 优质枣树生产技术规程

3 圃地选择与整理

3.1 圃地选择

圃地应选设在交通便利,管理方便,附近无水源污染,地势较高且平坦,活土层厚 50 cm 以上,地下水位 1.5 m 左右,灌既方便、排水通畅的地方。育苗地以含盐量小于 0.15%、pH 8.5 以下,土质肥沃,病虫害少的沙壤土、轻壤土为宜。

3.2 圃地规划

圃地要根据生产规划、育苗任务和耕作制度进行划分。一般将圃地划分为播种区、归圃区和大苗培育区。

苗圃中辅助用地规划(包括道路、渠、沟、房舍等)应便于生产和机械作业,面积不超过总面积的 20%。

3.3 圃地整理

育苗的前一年秋季,每 667 m²(亩)撒施腐熟鸡粪 1 000~1 500 kg 或土杂粪 2 000~3 000 kg,机械耕翻 20~25 cm,平整耙匀,并灌足冬水。翌年 3 月上旬再耙磨保墒。

4 育苗方法

4.1 分株繁殖育苗

采用挖沟育苗、耕作育苗和归圃育苗三种方法。

4.1.1 挖沟育苗

4 月份,于生长健壮、无病害的优良枣树树冠外围下,挖宽 30 cm、深 30~40 cm 的条沟,切断水平根,随后将挖出来的原土和 20~30 kg 的农家肥混匀后填入沟内,并及时灌足头水。随后苗圃的各项管理按枣园的常规管理进行。当年,在挖过沟的地方长出大小不一的根蘖苗。

4.1.2 耕作育苗

在上年秋季或育苗当年的 4 月份,结合翻园,撒施基肥,浅翻(深 10~15 cm)树盘和树行间,以损伤表层土壤中的根系,刺激浅层水平根在伤口及其附近萌生根蘖苗。

4.1.3 归圃育苗

把开沟法和耕作法培育的小根蘖苗挖掘出来, 移植到苗圃地进一步培育而成。

4.2 归圃育苗

4.2.1 根蘖苗起挖

在萌芽前至刚萌芽时,选择高度大于 20 cm、干径粗度大于 0.4 cm 的根蘖苗进行起挖。挖苗时, 掌握宽度和深度在 20~30 cm,对高度大于 50 cm 的根蘖苗要多带须根。

挖出来的根蘖苗要带一段长 10 cm 左右的母根。

4.2.2 根蘖苗分级

挖苗时随挖随用湿土压埋根系, 并按 20~30 cm、30~50 cm 和大于 50 cm 的高度将根蘖苗分成三个等级,50 株一捆, 装车运抵苗圃地栽植或临时假植。

4.2.3 根蘖苗归圃

4.2.3.1 归圃时间 4 月下旬至 5 月初,留圃苗 5%的顶芽萌动时栽植。

4.2.3.2 栽植密度及方法 以行距 60 cm、株距 15~20 cm,按苗木等级分别进行,每 667 m²(亩)栽植 6 000~7 000 株。

开挖 20 cm 深的条沟,将苗木均匀摆入沟内,埋土,灌水。水渗完后进行第二次覆土,并将苗木提正、踏实,埋土深度不超过原根蘖苗根颈高度 2 cm。

在离地面 10 cm 处,短截去除苗木地上部分,随后用白调和漆或封口胶封住剪口,以阻止水分蒸腾散失。

4.3 嫁接育苗

4.3.1 砧木培育

4.3.2 种子选择

砧木种子采用酸枣。秋季,采集当年充分成熟的果实加工成种子,除去果肉、杂质,洗净种子并阴干。

种子质量达到国家二级以上标准,纯度 95% 以上,发芽率 80% 以上。

4.3.3 种子处理

选用酸枣核播种时,于土壤封冻前以 1:3~5 倍沙子均匀拌种,湿度以手握成团、一触即散为宜,进行沙藏处理。翌年播种前 10 天,加温催芽,种子露白率达 20% 时可播种。

选用酸枣仁播种时,于播前 7 天,用清水漂洗去除破伤种子,并用 50 mg/kg 高锰酸钾溶液浸种 3~5 小时后捞出。消毒过的种仁和 3 倍的河沙掺拌均匀,置于 20~25℃ 的室内,每天翻拌 1 次,种子露白率达 10% 时即可播种。

4.3.4 播种量

酸枣核播种,每 667 m²(亩)用 20~25 kg。

酸枣仁播种,每 667 m²(亩)用 2~2.5 kg。

4.3.5 播种时间

酸枣核于 3 月中旬播种。

酸枣仁于 4 月下旬至 5 月上旬播种。

4.3.6 播种方法

一般采用宽窄行条播。

按宽行 70 cm,窄行 30 cm;沟深 3 cm,宽 4 cm,覆土 2~3 cm 厚的规格进行,播后立即覆膜,保墒增温。

4.3.7　间苗

幼苗长出 4~5 片真叶时，按 15 cm 株距间苗，每 667 m²（亩）留苗 7 500~8 500 株。

4.3.8　嫁接

4.3.8.1　接穗采集与处理

4.3.8.2　选择采穗母株　选择品种纯正、生长健壮、丰产、优质、无病虫害的成龄结果树采条。

4.3.8.3　接穗采集时间与方法　3 月下旬至 4 月上旬，采集组织充实、芽体饱满的一年生枣头枝中上部作接穗。

及时去除接穗上的所有二次枝（留 1 cm 桩）和针刺，截成 4~5 cm 长的单芽（芽上方留 1 cm，下方留 4~5 cm）。

4.3.8.4　蜡封和贮藏　接穗封蜡时，首先在锅中加入少量的清水，然后放入工业石蜡加温熔化，待温度达到 90℃左右时即可蘸蜡。少量接穗，可手持接穗一端在熔蜡中瞬间蘸蜡，再用同样方法封蘸另一端。

接穗量较大时，可用漏勺一次盛装多个接穗在锅中瞬间蘸蜡，并迅速抛散在厚塑料膜上冷却，蘸蜡时间控制在 2 秒钟以内。

待蜡封接穗冷却到常温后，装入其上打有小孔的塑料袋内，置于低温、高湿、通风的果窖内贮藏备用。

4.3.8.5　嫁接时间　4 月中旬至 5 月上旬。

4.3.8.6　嫁接方法　一般采用劈接法。

4.3.8.6.1　清除砧木周围的虚土，并于离地面 2 cm 处剪砧，然后从砧木截面中间向下垂直劈裂长 3 cm 的接口。

4.3.8.6.2　在接穗下端削成两面等长，一边厚一边薄且侧主芽在厚边的楔形，削面长 3 cm 左右，且平直光滑。

4.3.8.6.3　撬开砧木切口，插入接穗，使砧穗形成层密接，并用塑料薄膜条扎紧包严。

5　苗期管理

5.1　归圃苗田间管理

5.1.1　除萌

当新梢长 10~15 cm 时,选择生长直立、粗壮的新梢作为苗干培养,其余贴基部剪除。

5.1.2　土肥水管理

5.1.2.1　施肥　根蘖苗生长初期,新梢长 5 cm 时,每 667 m²(亩)施 10 kg 磷酸二铵。在行间,距苗 10 cm 处开 5~7 cm 深的沟,施后覆土。新梢长 10~15 cm 时,每 667 m²(亩)施 10 kg 尿素。

翌年 4 月份,每 667 m²(亩)施 1 000 kg 有机肥和 15 kg 磷酸二铵;并于 5 月中下旬和 6 月下旬分别追施 15 kg 尿素。

5.1.2.2　灌溉和排水　6 月上中旬枣苗生根以后要适量小水灌溉,可结合施肥进行。水量过大,或降暴雨后要及时排水。

5.1.2.3　中耕除草　根蘖苗归圃后第 2~3 天松土一次,以后结合灌水、降雨和田间杂草生长情况及时中耕松土、除草。

5.2　砧木和嫁接苗田间管理

5.2.1　抹芽

于 5~6 月,分 2~3 次及时抹去嫁接苗砧木上的萌芽,以利于接芽的正常生长。

5.2.2　摘心

当嫁接苗高 80~100 cm 后进行摘心,促进苗木加粗和充实生长。

5.2.3　施肥

酸枣砧木苗高 15 cm 以上时,每 667 m²(亩)施 1 次 20~25 kg

尿素；嫁接苗枣头长 20 cm 时，每 667 m²（亩）施 1 次 50 kg 磷酸二铵+20 kg 尿素。

5.2.4　灌溉和排水

当酸枣苗高 15 cm 以上时，灌第 1 次水；6 月下旬至 7 月下旬，田间过于干旱时，可于下午 4 时后沟灌，切不可大水漫灌。

嫁接苗圃地，可结合施肥灌第 1 次水；以后根据土壤墒情确定灌第 2~3 次水。后期控制灌水，并及时排除积水。

5.2.5　中耕松土

每次灌水或降雨后，及时中耕除草、松土、保墒。

5.2.6　虫害防治

苗圃地害虫主要是枣瘿蚊。当幼虫卷叶为害时，叶面喷布 2 000 倍 2.5%敌杀死，或 800~1 000 倍 0.3%的苦参素，每 5~7 天喷 1 次，连喷 2~3 次可控制虫害。

5.2.7　鼠害和兔害防治

9 月中旬后，应除净田间杂草，并投放毒饵灭鼠。在冬季注意防兔害，兔害为害严重的地段，用普通白涂料+0.5%废机油+0.5%敌敌畏混合而成的涂白剂进行主干涂白。

6　苗木出圃

6.1　起苗准备

一般在萌芽前的 4 月下旬起苗出圃。起苗 20 天前，剪除枣苗的二次枝并留 1 cm 左右的保护桩。如在苗木上剪取接穗，剪截高度应在定干高度之上 10 cm 处，并用封口胶封住剪口。

在起苗前 5~7 天，应给圃地浇 1 次透水，以利于起苗。

6.2　起苗时机

最好在阴天或多云时起苗，晴天起苗宜在早晨或午后集中力量进行,避免大风烈日下起苗。

6.3　起苗技术和要求

起苗时,要尽量保证根系完整。起苗时应在苗行一侧 20 cm 以外开沟,沟深不小于 30 cm,然后从苗行另一侧沿行起苗。

起苗时,随起苗,随分级,随包装。

6.4　苗木分级

根据苗高、干径和根系状况,将苗木分为 3 级(附表)。在苗高、苗粗和根系三个条件中,只要有一个条件达不到者,则降一个等级。

附表　嫁接苗木分级标准

级别	苗高（cm）	干径（cm）	根　　　系
一级	>100	>1.0	主根长 30 cm,Φ0.2 cm、长度 20 cm 的侧根 6 条以上,嫁接口愈合良好,根系完整、无劈裂伤
二级	70~100	0.8~1.0	主根长 25~30 cm,Φ0.2 cm、长度 20 cm 的侧根 5 条以上,嫁接口愈合良好,根系完整、无劈裂伤
三级	50~70	0.6~0.8	主根长 20~25 cm,Φ0.2 cm、长度 15~20 cm 的侧根 5 条以上,嫁接口愈合良好,根系完整、无劈裂伤

6.5　包装运输

枣苗分级后,每 50 株一捆,按级别挂牌。长途运输时根部蘸泥浆,用湿麻袋或湿草袋包裹捆扎,外包塑料膜并遮阴,严防风吹日晒,保护好根系。

6.6　假植

苗木运到田间,如果不能立即栽植,则选择背风、排水良好的地方,挖深 30~35 cm、宽 30~40 cm 的沟,将苗木按等级倾斜放入沟内,根部用湿土分层踏实,埋土达干高 1/3 处进行假植。

附录　绿枝扦插育苗

（资料性附录）

1　插床

插床宽 1.5~2.0 m、长 3.0~5.0 m，在基土上铺 5.0 cm 厚且用 0.1%多菌灵+0.2%辛硫磷消毒过的河沙。

2　扦插技术

2.1　扦插时间

日平均气温稳定在 17℃以上，一般在 5 月底至 6 月下旬进行。

2.2　插条准备

于晴天上午 6 时至 8 时或阴天，剪取半木质化的枣头枝、二次枝，截成长 15~20 cm、粗 0.2~0.4 cm 的插穗。上部剪口距芽 1.0 cm，下部剪口成斜茬，并去除枣头枝和二次枝下端 3~5 cm 的叶片，保留上部 3~4 片叶。

2.3　扦插

插条基部速蘸 400~500 mg/kg 吲哚丁酸或 α–萘乙酸和滑石粉调制成的生根剂后，按 10 cm×6 cm 行株距，插入准备好的沙床上。

边用直径 0.5 cm 的木棍插孔，边扦插，扦插深度 3~4 cm。插后压紧插穗周围的基质。随后插穗喷淋 0.1%多菌灵溶液。

2.4　插后处理

扦插后,苗床用 80~100 cm 高的拱棚覆盖塑料膜保温保湿,在距地面 1.5~2.0 m 处搭遮阴棚,并覆盖遮光率 50%的遮阳网。

3　田间管理

3.1　温湿度管理

扦插后,拱棚内气温保持在 25℃~30℃,空气相对湿度保持 90%~95%,基质含水量保持 15%。

扦插后前 10 天,每天喷水 3~4 次,保持叶面有水膜;扦插后 10~15 天,每天在上午 11 时和下午 14~16 时各喷水 1 次;扦插后 15~30 天,仅在中午前后喷水 1 次。

3.2　施肥

扦插后 10 天内,每隔 2 天喷 1 次 0.3%尿素+0.1%磷酸二氢钾;扦插 10~30 天,每隔 5~7 天喷 1 次 0.3%尿素+0.1%磷酸二氢钾,均在晴天下午进行。

3.3　炼苗

扦插 2 个星期后,逐日利用阴天或晴朗天气的下午 6 点至翌日上午 10 点前的时间,逐渐揭去遮阳网。当 80%插条生根后(约在扦插后 3 个星期),逐渐增加光照炼苗。

3.4　越冬保护

扦插苗灌过冬水后,于土壤封冻前,用塑料棚膜和 2 层草帘完全覆盖,保证苗木正常越冬。

(本标准的附录为资料性附录

本标准由宁夏农林科学院提出

本标准由宁夏林业局归口

本标准主要起草单位：宁夏农林科学院

本标准参加起草单位：灵武市林业局、灵武园艺试验场、宁夏林木种苗管理总站

本标准起草人：朱连成、魏天军、周全良、陈卫军、魏卫东、喻菊芳、雍文、张勤、武金荣）

第四章　栽培技术

第一节　灵武长枣栽培技术规程

1　范围

本标准规定了灵武长枣园地规划、苗木规格、苗木定植、整形修剪、水肥管理、土壤管理、花果管理、病虫害防治、安全生产等技术要求。

本标准适用于引(扬)黄灌区及其他适宜发展灵武长枣的地区。

其他枣树品种的栽培技术可参照本规程执行。

2　规范性引用文件

下列文件中的条款通过本标准的引用而成为本标准的条款。凡是注明日期的引用文件,其随后所有的修改单(不包括勘误的内容)或修订版均不适用于本标准,然而,鼓励根据本标准达成协议的各方研究是否可使用这些文件的最新版本。凡是不注明日期的引用文件,其最新版本适用于本标准。

GB/T—2002 标准化工作导则(第一部分:标准的结构和编写规则)

GB 3095—1996　环境空气质量标准中的二级标准

GB 15618—1995 土壤环境质量标准中的二级标准

GB 5048—1992 农田灌溉水质标准

DB13/T 481—2002 优质枣树生产技术规程

3 园地规划

3.1 地形选择与防护林建设

3.1.1 地形选择

选择地势平坦地建园。

3.1.2 防护林带配置方式

栽植防护林带,防护林带走向与主风向垂直,分为主林带和副林带。

3.1.3 防护林带栽植方式

主林带一般 4~8 行,行间混交,设置在规划区周边和主干道路南侧;副林带一般 2~4 行,行间混交,设置在 33 350 ㎡(50 亩)左右的种植区周边。

3.1.4 防护林带树种选择

主林带树种可选择杜梨、新疆杨、刺槐或沙枣、新疆杨、刺槐组合;副林带树种可选择(密植高冠)枣树、紫穗槐组合。

3.2 土壤

土层深厚、地下水位低于 1.5 m、土壤 pH 7.5~8.5、无盐渍化的沙壤土、壤土适宜栽培,重壤土不宜。稻旱轮作区不宜栽培。

3.3 整地

3.3.1 整地培肥

于栽植的前一年秋季平整土地。

3.3.1.1 老果园土壤清理　老果园更新栽培的要拔除和清理前茬果树的各级残根。

3.3.1.2 开挖定植穴（沟）　行株距大于 4 m×2 m 的枣园，要根据规划栽植密度，按照南北行向打定植桩（包括中心桩和四角桩），根据定植桩开挖规格（长、宽、深）不小于 80 cm×80 cm×80 cm 的定植穴；行株距 3 m×2 m 以及密度较大的枣园，要根据规划栽植密度，沿定植行开挖规格（宽×深）不小于 80 cm×80 cm 的定植沟。

3.3.1.3 培肥　在穴底或沟底铺作物秸秆 20 cm。开挖定植沟的，667 m² 施腐熟的农家肥 5 t、磷酸二铵或复合肥 50 kg；开挖定植穴的，株施腐熟的农家肥 25 kg 加磷酸二铵或复合肥 0.5 kg。

3.3.1.4 土壤消毒　老果园更新栽培的要用 1 600~2 000 g/667m² 的土菌灵消毒。施肥时，将肥料和消毒剂均匀地撒在回填土上，在回填过程中使土壤、肥料和消毒剂掺匀，回填时使穴（沟）上口以下 30~40 cm 的土壤内不含肥料。回填后的穴（沟）表面略高于地面。

3.3.1.5 春季培肥整地　上年秋季没有平整土地的园地，可在春季边整地边栽植，但要按照上述方法整地培肥。

3.3.1.6 施定植肥　春季定植时，在栽植穴底下面 5~10 cm 处施入 25 g/株的磷酸二铵或复合肥。

3.3.2 灌水保墒促腐熟

　　整地、施肥、土壤消毒（前茬果园地）完成后，灌透冬水，以蓄水保墒、促进有机肥腐熟和沉实沟穴，以防栽后"吊苗"。

4 栽植

4.1 栽植时间

4月下旬至5月上旬,当留圃苗有5%的顶芽萌动时,起苗栽植。

4.2 解除绑缚物

栽植前,解除嫁接苗木接口的绑缚物。

4.3 开挖栽植穴

栽植前,在已经整地培肥的定植沟(穴)上重新打定植桩(包括中心桩和四角桩),根据中心定植桩和四角桩开挖(长、宽、高)30 cm×30 cm×30 cm栽植穴,以备栽植。

4.4 定植

4.4.1 定植方法

要将同等级的苗木集中定植。定植前要进行根系修剪,剪去劈、断、伤根。定植时,持定植板将苗木置于定植穴内,填土一大半时将苗木轻轻上提,让根系充分舒展、踩实,然后继续填土并踩实。

4.4.2 栽植深度

苗木栽植后,秋季整地的,使嫁接口高于地面5 cm左右,春季整地的,使嫁接口高于地面15 cm左右。待定植穴灌水沉实后,使嫁接口与地面齐平。

4.5 定干

定干高度视苗木规格而定。一般一级苗定干高度为60~70 cm;二级苗定干高度为30~40 cm;三级苗定干高度为10~30 cm;干径在0.6 cm以下的等外苗则可留1~2个芽平茬。定干后,剪口涂抹封口胶。

5 栽后管理

5.1 浇水

定植后及时浇透水,地表半干时以细土覆盖树盘。

5.2 覆膜方法

地表半干时,平整树盘并立即覆膜,4 m×2 m 以上的密度,可整行覆膜,采用膜下滴灌技术的,可结合进行。栽后 1~3 年内,均宜覆膜,越冬时不撤膜。覆膜后,在根茎部起一小土堆,以保水和防止根茎灼伤。追肥时,可在树冠下点状打孔施入,尽量不要破坏覆膜的结构。

6 整形修剪

6.1 主要树形及结构

适宜枣树丰产的树形有:自由纺锤形、疏散分层形、自然圆头形和开心形等。

定植密度为 3 m×2 m、4 m×2 m 的可采用自由纺锤形树形。

6.1.1 行株距 3 m×2 m 的自由纺锤形树形

干高 40 cm,树高 3 m 以内,骨干枝 10~12 个、角度 70°~80°,相邻骨干枝平均间距 20 cm、枝长 1.2~1.5 m、基部三个骨干枝可以临近,但不能邻接,同向骨干枝最小间距 40 cm。4~5 年完成整形。

6.1.2 行株距 4 m×2 m 的自由纺锤形树形

干高 40 cm,树高 3 m 以内,骨干枝 8~10 个、角度 70°~80°、相邻骨干枝平均间距 25 cm、枝长 1.5~2.0 m、基部三个骨干枝可以临近,但不能邻接,同向骨干枝最小间距 50 cm。4~5 年完成整形。

6.1.3 疏散分层形

疏散分层形有明显的中心主干,全树有 6~8 个主枝,分 2~3 层排布在中心主干上。第一层主枝 3 个,第二层主枝 2~3 个,第三层主枝 1~2 个;主枝与中心主干的基部夹角约为 60°;每主枝一般着生 2~3 个侧枝,侧枝在主枝上要按一定的方向和次序分布,第一侧枝与中心主干的距离应为 40~60 cm,同一枝上相邻的两个侧枝之间的距离为 30~50 cm;第一与第二层之间的层间距为 80~100 cm,第二与第三层之间的层间距 60~80 cm;第一层的层内距 40~60 cm,第二及第三层的层内距 30~50 cm。

6.1.4 自然圆头形

全树有 6~8 个主枝,错落排列在中心主干上;主枝之间的距离为 50~60 cm,主枝与中心主干的夹角为 50°~60°;每个主枝上着生 2~3 个侧枝,侧枝在主枝上按一定的方向和次序分布,第一侧枝与中心主干的距离应为 40~50 cm,同一主枝上相邻的两个侧枝之间的距离为 40 cm 左右;骨干枝不交叉,不重叠。

6.1.5 开心形

主干高 80~100 cm,树体没有中心主干;全树 3~4 个主枝轮生或错落着生在主干上,主枝的基角为 40°~50°,每个主枝上着生 2~4 个侧枝,同一主枝上相邻的两个侧枝之间的距离为 40~50 cm,侧枝在主枝上按一定的方向和次序分布,不相互重叠。

6.2 修剪(自由纺锤形)

6.2.1 修剪时期

春季修剪在 3 月下旬至 4 月上旬进行,夏季修剪在生长期进行。

6.2.2 定植当年的修剪

6.2.2.1 刻芽 于定植后 10 天左右,在整形带内选择 2~3 个

芽,在其上方 0.5 cm 处,以小钢锯或切接刀刻伤至木质部,刻伤口为干周的2/3。

6.2.2.2　抹芽　苗木成活后当枣头新梢长至 5 cm 时,抹去整形带以下枣头。定干高度在 60~70 cm 的植株,将主干上 40 cm 以下的枣头一律抹去,保留枣吊;定干高度不足 40 cm 的植株,留一个直立健壮的枣头做中央领导干,其余枣头抹去,保留枣吊。

6.2.2.3　摘心　当年枣头新梢长至 50 cm 时摘心,对 7 月 20 日之前不停长的枣头一次枝、二次枝一律进行摘心。

6.2.2.4　拿枝、拉枝　除中央领导干外,当年培养骨干枝的枣头新梢半木质化时,拿枝至 70°~80°。拿枝不到位的,于 7、8 月份拉枝至 70°~80°。

6.2.2.5　绑枣头　当新生枣头生长至 15~20 cm 时,要以木棍绑缚固定,以防风折。

6.2.3　定植第二年春剪

6.2.3.1　主干延长头修剪　上年按时摘心的主干延长头,截去其顶端的二次枝即可;上年摘心不及时的主干延长头根据生长势强弱,剪留 40~80 cm。

6.2.3.2　骨干枝培养方法　采用(选择芽向)留 1、2、3 节二次枝短截的方法培养骨干枝。

6.2.3.3　骨干枝修剪　上年按时摘心的骨干枝,截去其顶端的二次枝留外向芽;上年摘心不及时的骨干枝在其健壮二次枝处短截,并截去剪口下二次枝留外向芽。不能过重剪截刺激旺长,每年培养的骨干枝数量控制在 3~5 个。

6.2.3.4　拉枝　将角度不开张的骨干枝拉至 70°~80°。忌拉绳过紧或悬空物拉枝,枝条端的拉绳不能打死结。

6.2.3.5　疏枝　疏除并生、对生、过低、过密枝。

6.2.3.6　刻芽　萌芽前在拟培养骨干枝的主干延长头腋主芽上方 0.5 cm 处刻芽,刻深达木质部,刻伤口为干周的 2/3。

6.2.4　定植第二年夏季修剪

6.2.4.1　抹芽　及时抹除拟培养主干延长头和骨干枝以外的新生枣头。选留的骨干枝数量控制在 3~5 个。

6.2.4.2　疏枝　疏除未能及时抹除的枣头,主要是二次枝短截后抽生的重生、过密枣头。

6.2.4.3　开张角度　于枣头新梢半木质化时拿枝,可分几次将枝角拿到 70°~80°,下午枝条较软时拿枝不容易折断。

6.2.4.4　摘心　主干延长头和骨干枝在 70 cm 时摘心;二次枝在 6 月中旬开始摘心,强势二次枝 8~10 节,弱势二次枝 6~8 节;7 月中下旬不停止生长的枣头一次枝和二次枝一律摘心。枣头、二次枝摘心后萌发的二次、三次枣头一律抹除。

6.2.4.5　绑枣头　当新生枣头生长至 15~20 cm 时,以木棍绑缚固定,以防风折。

6.2.5　定植第三至第五年春剪

基本修剪方法和内容同于第二年,要点如下。

6.2.5.1　中央领导干修剪　如果中央领导干长势弱,则在短截中央领导干后,其剪口下二次枝的短截时间迟于同株上骨干枝延长头的 10 天左右。

6.2.5.2　成形树的修剪　行株距 3 m×2 m 下,骨干枝长度已经达到 1.2~1.5 m,以及株行距 4 m×2 m 下骨干枝已经达到 1.5~2.0 m 的不再剪截,当年不再促发新梢,可采取措施促其结果;骨干枝上的二次枝细弱或者骨干枝基角<45°的回缩重新培养。剪口下留外向芽。

6.2.5.3　弱枝修剪　枣头一次、二次枝冗长、细弱的,可在花前回缩 1/5~1/3。

6.2.5.4 疏除和回缩 疏除过密、交叉的枣头一次和二次枝；对于基部三个骨干枝间隔不到 2 节、第三骨干枝以上的骨干枝间距不足 20 cm 的,疏除或重回缩。

6.2.5.5 树体控制 当树高达到 2.5 m 左右、骨干枝数量达到 10 个左右时,不再剪截主干延长头。

6.2.6 第三至第五年夏季修剪

基本修剪方法和内容同于第二年。

6.2.6.1 摘心 对于已经完成整形、春季修剪时未剪截的主干延长头和骨干枝延长头上萌发的枣头新梢,在其长到 5 cm 时摘心。

6.2.6.2 抹芽 对于已经完成整形的植株和骨干枝,其上萌发的枣头新梢要及时抹除,以促进坐果和果实发育。枣头、二次枝摘心后萌发的二次、三次枣头一律抹除。

6.2.6.3 不能过重修剪刺激旺长,利用夏季修剪,将每年培养的骨干枝数量控制在 3~5 个。

6.2.7 放任树的修剪

根据树势对树体进行重回缩,回缩长度 1/3~1/2。

6.2.8 上强下弱树的修剪

主干延长头重回缩、剪口下二次枝不剪截,树体上部的骨干枝不剪截,下部骨干枝在强壮二次枝处短截并剪去剪口下二次枝。疏除间距不足 20 cm 的骨干枝,抹除非培养部位的新生枣头。

6.2.9 下强上弱树的修剪

下部骨干枝不剪截,并疏除间距不足 20 cm 的骨干枝；主干延长头在饱满芽处短截,在培养骨干枝的二次枝上方 0.5 cm 处刻芽。抹除非培养部位的新生枣头。

6.2.10　盛果期树的修剪

6.2.10.1　延长头的修剪　主干延长头和骨干枝延长头均不再剪截。

6.2.10.2　摘心　主干延长头和骨干枝延长头上萌发的枣头新梢,在其长到 5 cm 时摘心,使形成木质化枣吊结果。

6.2.10.3　抹芽　对于树体上萌发的枣头新梢要及时抹除,以促进坐果和果实发育。枣头、二次枝摘心后萌发的二次、三次枣头一律抹除。

6.2.11　树体更新修剪

　　当骨干枝上二次枝的枣股的结果年龄达到 5~7 年, 所结果实品质下降时, 每年自树体下部开始将 1/5~1/4 的骨干枝回缩至 20~30 cm 处,刺激萌发新的枣头。当年新枣头长到 50 cm 时摘心,经过 3 年更新培养出新的强壮的骨干枝和结果母枝。其余骨干枝以相同方法依次更新, 保证树体结果母枝的活力和果品质量。

7　施肥

　　施肥要均衡,勿一次性集中施入大量肥料,要前促后控。

7.1　基肥

　　矮化密植丰产园必须每年施基肥。施基肥的最佳时间是采收后至冬灌前。施肥量: 腐熟的农家肥 5 t/667m²、磷酸二铵 0.25 kg/株。

7.2　追肥

7.2.1　追肥种类

　　尿素或磷酸二铵,也可二者各半。

7.2.2　追肥方法

7.2.2.1　定植当年追肥　定植当年，当新生枣头长至 15 cm 左右时，在距树干 20 cm 处挖 25 cm 深的小穴 4 个，将肥料均匀施布其中，覆土灌水，追肥量 25 g/株。

7.2.2.2　覆膜树追肥　幼树覆膜情况下，以 φ2 cm 钢管在距主干 20 cm 处均匀打 4 个深 25 cm 的孔，将肥施入，追肥量 25 g/株。6 月份灌二次水时，结合灌水施入磷酸二铵 25 g/株，方法同上。

7.2.2.3　幼树期追肥　从第二年起，追肥只在灌头水时一次完成，施肥量可视坐果量增加至 0.5~1.0 kg/株。

7.2.2.4　盛果期追肥　进入盛果期，除结合头水追肥外，在灌二次水前、7~8 月果实迅速膨大期，视坐果量追施磷酸二铵 0.25~0.5 kg/株·次，施肥方法可采取多点小穴法或放射浅沟法。

7.3　根外追肥

7.3.1　叶面追肥

5~7 月份，每隔 10 天左右，叶面喷布 0.3%~0.5% 的尿素或磷酸二铵[$NH_4H_2PO_4$+$(NH_4)_2HPO_4$]；8 月开始，每隔 15 天左右叶面喷布 0.3%~0.5% 的磷酸二氢钾（KH_2PO_4），可单独喷施，也可结合打药喷施，共进行 3~4 次。

7.3.2　施肥枪追肥

将尿素或磷酸二铵等化肥稀释成 10% 的液态肥，在根际用追肥枪施入。追肥枪追肥的最佳时机为园间土壤持水量降到灌溉临界点之时。

8　灌水

8.1　灌水次数和时间

灌水前促后控。4 月下旬萌芽前后灌头水，6 月上中旬枣头新梢迅速生长和坐果期灌第二水,7 月上中旬果实膨大时灌第三水,8 月份根据雨量灌第四水即果实上色水,9 月上旬灌第五水即白露水,加上冬水全年灌 6 次水。

沙壤地或漏沙地可根据墒情在 8 月份果实生长后期加灌一次水,全年灌 7 次水。地下水水位较高的枣园或降水较多时,可适时减少灌水次数。

8.2　节水灌溉

园间安装了节水灌溉设施的,可根据墒情监测数据适时供水。

9　土壤管理

枣园采取清耕制,有利于树体的生长发育。

9.1　中耕除草

每次灌水后,进行全园挖、刨或机械旋耕、翻犁,保持地面疏松无杂草。晚秋全面清除园间杂草。

9.2　间作

密植园间作物以矮杆油葵、立秧豆类、花生、大葱、板蓝根等为主,以生育期 80~100 天的矮杆油葵为最佳间作物。

间作物与树体至少保持 1 m 以上的距离。

间作园要始终保持地面疏松无杂草。

三年生以上的果园内原则上不能间作。

不宜间作苜蓿、玉米,以及高杆或秋季需水型作物。

10　花果管理

10.1　提高坐果率的措施

10.1.1　培养健壮结果母枝

及时摘心,培养健壮的骨干枝和二次枝。一般骨干枝基部

1 cm 处的粗度超过 2.5 cm, 当年不抽生新梢, 则不需采取措施, 即可大量坐果。

10.1.2　花期喷布激素和微量元素

6 月上旬当枣吊平均有 5~8 朵花开放时, 叶面喷布 20~25 mg/L 赤霉素加 15 mg/L 硼酸, 可有效地提高坐果率。第一次喷布后 3~5 天, 如经检查效果不明显, 立即加喷一次, 特别干旱年份可加喷第三次。喷布前进行叶面追肥可显著提高喷布激素的效果。赤霉素可先用酒精溶解并逐次稀释, 喷布时间在上午 10 时以前或下午 5 时以后, 主要喷布花朵, 喷至花朵湿润即可。

10.1.3　花期喷水

10.1.4　环割

6 月上旬初花期, 环割骨干枝、二次枝基部。

10.1.5　及时抹芽

完成整形的盛果期树, 及时抹除萌芽, 节约养分促进坐果。

10.1.6　培养木质化枣吊

新生枣头长至 5 cm 时摘心, 形成的木质化枣吊可大量结果。

10.2　疏果

从 7 月上中旬开始, 对坐果量过大的枣吊进行疏果, 每枣吊留果 2 个, 最多留果 4 个, 木质化枣吊可视其强弱留果 10~20 个, 将 7 月中旬以后所坐的幼果全部疏除。

11　主要害虫防治

实施无公害防虫技术, 坚持"预防为主, 综合防治"的原则, 综合运用各种防治措施, 优先采用农业措施、生物防治方法, 配合施用高效、低毒、低残留的化学农药, 在化学防治上抓枣树休眠期、虫害发生初期、虫体裸露期、转移为害期的防治, 在大发生前3~5天提前防治,在一天中尽量选择上午10时前和下午4时后喷药。

11.1　加强植物检疫

调运苗木时,严格检疫,防治枣大球蚧(*Eulecanium diminutum* Boychs)蔓延。对枣大球蚧危害的枣苗,要在调运前抹除陈旧蚧壳,并用50%辛硫磷乳油600倍液将整株苗木浸泡1分钟,浸泡后经检查确认无活体存在方可调运栽植。

调运伐除的枣木时,也要认真检疫,发现有苹小吉丁虫(*Agrilus mali* Matsumura),则必须进行药物熏蒸方可调运。

11.2　农艺措施和人工防治措施

11.2.1　生长期果园清耕

园间管理实行清耕制,可有效控制红蜘蛛、大绿浮尘子(*Cicadella viridis* Linnaeus)、枣尺蠖(酸枣尺蠖 *Chihuo sunzao* Yang;桑褶翅尺蠖 *Zamacra excavata*)、桃小食心虫(*Carposina niponensis* Walsingham)等的危害。

11.2.2　休眠期的综合防治措施

休眠期(10月中下旬至次年4月下旬)针对枣尺蠖、枣叶壁虱(枣叶锈螨 *Epitrimerus ziziphajus* Keifer)、枣大球蚧(*Eulecanium diminutum* Boychs)、枣瘿蚊(*Dasineura* sp.)、红蜘蛛(苹果红蜘蛛 *Panonychus ulmi* Koch;苜蓿红蜘蛛 *Bryobia praetiosa* Koch;山楂红蜘蛛 *Tetranychus vienensis* Zachar)、桃小食心虫等的越冬虫卵,综合采用农业、物理方法防治。

11.2.2.1　休眠期清园　冬灌封冻前,清除田间、埂边杂草,挖、刨树行并耱平或耙平,破坏越冬虫茧的生存环境,降低越冬虫口基数。

11.2.2.2　树干保护　树干涂白或刷高浓度羧甲基纤维素或石

硫合剂渣液或胶泥水,防止冻害、鼠兔啃咬和抽干。

11.2.2.3 清除病虫果枝和翘皮 结合冬剪、剪除虫枝、虫茧、虫袋和病果、僵果,刮除老翘皮并集中烧毁,降低越冬虫口密度。

11.2.2.4 扎树裙 4月中旬在树干上扎一层塑料裙带,阻止枣尺蠖雌虫上树,并于每天清晨捕杀雌虫。

11.2.3 人工方法

11.2.3.1 震树灭虫 利用尺蠖幼虫的假死性,于4月末至5月上旬当尺蠖幼虫1~2龄时震摇树枝,使其吐丝下垂,人工杀灭。

11.2.3.2 循孔杀虫 根据蛀孔粪迹,查找苹小吉丁虫(*Agrilus mali* Matsumura)、红缘天牛(*Asias halodendri* Pallas),以铁丝、镊子、尖刀等刺杀幼虫,并捕杀成虫。查虫时尤其要注意检查根茎和枝杈部位。

11.2.3.3 窒息杀虫 对于上年桃小食心虫虫果率很高的果园,在6月中旬越冬成虫出土盛期开始前,在树冠投影内培30 cm厚的土层,可使幼虫和蛹窒息死亡。

11.2.3.4 碾压虫卵 如果大绿浮尘子已经产卵,则可碾压枝干,杀灭虫卵,修剪时,人工抹杀枣龟蜡蚧壳虫的越冬雌成虫。

11.3 生物防治措施

11.3.1 使用性诱剂

在桃小食心虫成虫期,果园内每隔50 m布置一个诱捕器(桃小食心虫性信息素),测报兼诱杀成虫。

11.3.2 利用天敌

尽量减少打药次数,使用低毒、低残留的无公害农药,尤其是生物制剂,以保护天敌,充分利用草蛉、瓢虫、捕食螨等控制鳞翅目害虫如红蜘蛛、蚧壳虫等。

11.4　化学防治措施

11.4.1　杀灭越冬虫卵

4月中、下旬,当气温上升到18℃以上时,在树体和树干附近土壤上喷布3~5波美度的石硫合剂, 防治枣大球蚧、枣叶壁虱、红蜘蛛、枣龟蜡蚧(*Ceroplastes japonicus* Gr.)等。

11.4.2　地面封闭

萌芽前,尤其是当年定植的树,要在树干基部培土并撒3%的辛硫磷粉剂或灌50%辛硫磷乳剂150倍液,以毒杀尺蠖出土幼虫和红缘天牛出土成虫;

11.4.3　萌芽至花芽分化期的防治

4月下旬~5月下旬,随着萌芽和展叶,枣尺蠖、枣瘿蚊、红缘天牛等开始啃食芽和幼叶,可树体喷布50%辛硫磷乳油800倍液或苦生素3号乳油1 000倍液或毕纳克2 000倍液(非结果树、非盛花期树可喷布2 000倍枣虫霸)。

上述药物可兼防枣尺蠖、枣瘿蚊和红缘天牛等,也可杀灭红蜘蛛,具体防治时要选择交替使用。

在红缘天牛重灾区,可将树干刷白以防产卵,刷白剂用生石灰5 kg加硫磺粉0.5 kg搅匀。

11.4.4　开花坐果期至果实膨大期防治

5月上旬~8月上中旬,主要防治枣瘿蚊、蚧壳虫、枣叶壁虱、桃小食心虫等。

11.4.4.1　防治枣瘿蚊　此期主要是枣瘿蚊为害,可选择喷布苏云金杆菌500倍液+0.1%无酶洗衣粉或苦生素3号乳油1 000倍液,防治红蜘蛛、红缘天牛、枣大球蚧、枣龟蜡蚧。

11.4.4.2　地面封闭防治桃小食心虫　6月20日左右,根据降雨量和土壤湿度, 以800倍的桃小金杀星在树冠投影内进行地面喷雾,使地面形成约1 cm厚的药土层,并在其上覆盖一薄层细土。

11.4.4.3　防治蚧壳虫　6月中旬至7月初,枣大球蚧、枣龟蜡蚧危害严重的果园,可喷布4 000倍来福灵液或10%烟碱乳油800倍液,杀灭初孵化的若蚧,同时防治枣瘿蚊、红蜘蛛等。

11.4.4.4　防治枣叶壁虱　7月中下旬,喷布维尔螨2 000倍液或狂杀宝2 000倍液,防治枣叶壁虱,同时防治枣瘿蚊、红蜘蛛等。

11.4.4.5　树上防治桃小食心虫　上年桃小食心虫虫果率较高的果园,7~8月份根据测报,在成虫出现的高峰期后10天左右树体喷布赛诺1 500倍液或来福灵2 000倍液或芽蛾食心净2 000倍液,每隔10天左右喷布一次,共进行2~3次。

11.4.4.6　防治大绿浮尘子　9月20日后,根据天气预报,降温前在树体和行间杂草上喷布50%辛硫磷乳油800倍液或速灭杀丁1 500倍液,杀灭大绿浮尘子。

12　果实采收

12.1　采收时期

灵武长枣应在脆熟期采收。

12.2　采收方法

鲜食枣、加工用枣采用手摘法。采摘前一周对树上果实喷布百菌清或多菌灵等无公害杀菌剂。采收人要戴柔质手套,采果的盛具表面要柔软,采果的盛具、手套等要预先用百菌清或多菌灵等无公害杀菌剂浸泡并晾干。采果时备好采果用具,采摘时轻摘轻放,防止一切人为或机械伤害,保证果实完整,无损伤。采摘时要保留果梗。

13 安全越冬措施

13.1 保护树干

9月上旬树干涂白,配方为:①生石灰5 kg、硫磺0.5 kg、水20 kg混合剂;②生石灰5 kg、石硫合剂残渣5 kg、水20 kg混合剂。

13.2 人工落叶

没有挂果的1~3年生树,在9月中旬人工落叶、落枣吊。挂果树,枣果采收后及时落叶、落枣吊。

13.3 剪、锯及创伤口保护处理

剪锯口要及时剪平勿留桩,定干或短截时,二次枝不留桩,半木质化枣吊、干桩等要在修剪时剪平。冻伤、机械创伤口、拉枝裂口、剪锯口等在春季涂封口胶并用微膜覆盖创口,或用泥巴封住伤口。

(本标准由宁夏农林科学院提出

本标准由宁夏林业局归口

本标准主要起草单位:宁夏农林科学院

本标准参加起草单位: 宁夏灵武园艺试验场、灵武市林业局、宁夏林木种苗管理总站

本标准起草人:雍文、喻菊芳、魏卫东、周全良、朱连成、陈卫军、魏天军、杜玉泉、王红玲)

第二节 同心圆枣栽培技术规程

1 范围

本标准规定了同心圆枣在宁夏中部干旱地区苗木培育、建园、整形修剪、水肥管理、土壤管理、花果管理、主要病虫害防治、果实采收及晾制干枣、安全越冬等技术要求。

本标准适用于宁夏中部干旱地区的同心县及其他适宜栽培的区域。

2 规范性引用文件

下列文件中的条款通过本标准的引用而成为本标准的条款。凡是注日期的引用文件,其随后所有的修改单(不包括勘误的内容)或修订版均不适用于本标准,然而,鼓励根据本标准达成协议的各方研究是否可使用这些文件的最新版本。凡是不注日期的引用文件,其最新版本适用于本标准。

GB 3095 环境空气质量标准中的二级标准

GB 4285 农药安全使用标准

GB 5048 农田灌溉水质标准

GB 8321.1 农药合理使用准则(一)

GB 8321.2 农药合理使用准则(二)

DB64/T 423 宁夏主要造林树种苗木质量分级

3 苗木培育

3.1 圃地选择

圃地应选设在交通便利,管理方便,地势平坦,有灌溉条件,活土层厚 50 cm 以上,含盐量小于 0.2%、pH 小于 8.5 的沙壤土、轻壤土为宜。

空气质量符合 GB 3095 的规定。

农田灌溉水质符合 GB 5048 的规定。

3.2 圃地整理

育苗的前一年秋季,每 667 m²(亩)施有机肥 2 000~3 000 kg,翻深 20~25 cm,灌足冬水,翌年 3 月上旬镇压保墒。

3.3 育苗方法

3.3.1 归圃育苗

3.3.1.1 归圃 按株行距 18 cm×50 cm 进行栽植,每 667 m² 栽植 7 400 株。

栽时开挖 20 cm 深的条沟,将苗木均匀摆入沟内,埋土,灌水。水渗完后进行第 2 次覆土,并将苗木提正、踏实,埋土深度不超过原根蘖苗根颈高度 2 cm。在离地面 5 cm 处进行平茬,然后覆膜。

3.3.1.2 田间管理

3.3.1.2.1 除萌 当新梢长 10~15 cm 时,选择生长直立、粗壮的新梢作为苗干培养,其余贴基部剪除。

3.3.1.2.2 灌水追肥 生长初期,除萌后结合灌水在行间开沟施肥,每 667 m² 混施磷酸二铵((NH_4)$_2$$HPO_4$)和尿素($CO(NH_4)_2$)各 10 kg。在 6~7 月份根据土壤墒情确定灌第二次和第三次水。

翌年 4 月份, 每 667 m² 开沟施 1 000 kg 有机肥和 15 kg 磷

酸二铵并灌水;在 5 月中下旬和 6 月下旬结合灌水分别追施 15 kg 尿素。

3.3.1.2.3 除草 归圃后根据田间杂草生长情况及时除草,除草时尽量做到除小、除早。

3.3.1.2.4 虫害防治 苗圃地害虫主要是枣瘿蚊。农药使用符合 GB 4285、GB 8321.1、GB 8321.2 中的规定。

当幼虫卷叶为害时,叶面喷布 2 000 倍 2.5% 敌杀死,或 800~1 000 倍 0.3% 的苦参素,每 5~7 天喷 1 次,连续喷 2~3 次可控制虫害。

3.3.2 嫁接育苗

3.3.2.1 砧木培育

3.3.2.1.1 种子选择 选用种源优良的酸枣种仁,净度要求达到 95% 以上,发芽率达到 65% 以上。

3.3.2.1.2 种子处理 播前用清水淘洗清除杂质及坏粒,然后用 45℃ 左右的温水浸泡 24 小时,捞出清洗,稍晾后点播。

3.3.2.1.3 播种量 每 667 m² 用酸枣种仁 2~2.5 kg。

3.3.2.1.4 播种时间 4 月中下旬播种。

3.3.2.1.5 播种方法 一般采用穴播。播前起垅做床,垅高 5~10 cm,床面宽 60 cm,将床面土块耙碎,并耙平压实,覆宽 80 cm 的膜,行距 50 cm,每床沿床边种两行,点播深度 2 cm,点播可用铲面为 3 cm 见方的小铲子开缝每穴点播种子 4~5 粒,下种后压实开口,并在薄膜缝口覆土,穴距 15 cm。

3.3.2.1.6 放苗 出苗期间分 2~3 次揭去部分播种穴上的厚土和薄膜,放出被压幼苗。

3.3.2.1.7 间苗 苗高 5 cm 时进行间苗,每穴留 1~2 株。

3.3.2.1.8 灌水追肥 6 月下旬至 7 月上旬,灌水追肥,每亩混施 5 kg 磷酸二铵和 20 kg 尿素或碳酸氢铵 50 kg。

3.3.2.1.9 　除草管理　同 3.3.1.2.3。

3.3.2.1.10 　摘心　在 8 月下旬当苗高 40 cm 时适时摘心，促进加粗生长以便达到嫁接粗度。

3.3.2.1.11 　虫害防治　同 3.3.1.2.4。

3.3.2.2 　嫁接苗培育

3.3.2.2.1 　穗条采集　穗条从采穗圃中采集。采穗圃不能满足生产需要时可在品种纯正、生长健壮、丰产、优质、无病虫害的成龄树上采条。

3.3.2.2.2 　接穗采集时间与方法　3 月下旬~4 月上旬,采集组织充实、芽体饱满的一年生粗 0.4~0.8 cm 枣头枝中上部枝段做接穗,截成 4~5 cm 长的单芽(芽上方留 1 cm,下方留 3~4 cm)。

3.3.2.2.3 　接穗处理　将采集好的接穗及时进行蜡封贮藏。

接穗封蜡时,石蜡温度达到 100℃时用漏勺一次盛装多个接穗在蜡锅中瞬间蘸,并迅速抛散在厚塑料膜上冷却,蘸蜡时间控制在 2 秒钟以内。

蜡封接穗冷却到常温后,装入打有小孔的塑料袋内,置于低温高湿能通风的果窖内贮藏备用。

3.3.2.2.4 　嫁接时间　4 月下旬至 5 月上旬,嫁接前 10 天灌水。

3.3.2.2.5 　嫁接方法　一般采用劈接法。嫁接前剪砧,并清除砧木周围的虚土,露出砧木根颈部。把接穗下端削成两面等长,一边厚一边薄且侧主芽在厚边的楔形,削面长 3 cm 左右,平直光滑。然后劈开砧木,插入接穗,露白 0.5 cm,使砧穗形成层密接,并用塑料绑带扎紧包严。

3.3.2.2.6 　抹芽　接后及时抹除砧木上的萌芽。

3.3.2.2.7 　灌水施肥　嫁接苗枣头长 20 cm 时,结合灌水每 667 m²

混施 50 kg 磷酸二铵和 20 kg 尿素。以后根据土壤墒情确定灌第二次和第三次水。后期控制灌水。

3.3.2.2.8 摘心　当嫁接苗高 80 cm 时进行摘心,促进苗木加粗和充实生长。

3.3.2.2.9 除草　同 3.3.1.2.3。

3.3.2.2.10 虫害防治　同 3.3.1.2.4。

3.4　苗木越冬管理

越冬前灌足冬水,防鼠兔和家畜啃食,在鼠兔为害严重的地段,投放溴敌隆、C·肉毒素毒饵。

3.5　苗木出圃

3.5.1　起苗准备

一般在 4 月下旬萌芽前起苗出圃。起苗前 10 天,对苗木按 40~50 cm 截干,剪除枣苗的二次枝留 1 cm 左右的保护桩。起苗前 5~10 天,应浇 1 次透水,以利于起苗。

3.5.2　起苗技术和要求

宜在阴天或多云时起苗,晴天起苗宜在早晨或午后,避免大风烈日下起苗。

起苗时应在苗行一侧 20 cm 以外开沟,沟深不小于 30 cm,然后从苗行另一侧沿行起苗。

做到随起苗,随埋根,随分级,随假植。

3.5.3　苗木分级

根据苗高、地径和根系状况,将苗木分为两级(表 4-1)。

3.5.4　包装运输

枣苗分级后,每 50 株一捆,按级别挂牌。标签挂在醒目的地方,标签内容包括:生产单位、树种、苗龄、级别、起苗时间、验收时间。长途运输时根部蘸泥浆,用湿麻袋或湿草袋包裹捆扎,外

表 4-1　苗木分级

类别	级别	苗高（cm）	地径（cm）	根　系
归圃苗	I	>100	>1.0	无劈裂伤,粗 0.2 cm、长度 20cm 的侧根 6 条以上
	II	70~100	0.8~1.0	无劈裂伤,粗 0.2 cm、长度 20cm 的侧根 5 条以上
嫁接苗	I	>80	>0.8	主根长 30 cm,粗 0.2 cm、长度 20cm 的侧根 6 条以上,嫁接口愈合良好,无劈裂伤
	II	60~80	0.6~0.8	主根长 25~30 cm,粗 0.2 cm、长度 20 cm 的侧根 5 条以上,嫁接口愈合良好,无劈裂伤
备注	分级时,综合要求达到标准后以苗高、粗度和根系分级,首先看根系指标,以根系所达到的级别确定苗木的级别,根系达不到要求则为不合格苗,根系达到要求后按地径和苗高指标分级			

包塑料膜并遮阴,严防风吹日晒。

3.5.5　假植

苗木运到田间,如果不能立即栽植,则选择背风、排水良好的地方,挖深 30~35 cm、宽 30~40 cm 的沟,将苗木按等级倾斜放入沟内,根部用湿土分层踏实,埋土达干高 1/2~2/3 处。

4　建园

4.1　园地选择

应选择年均温 8℃以上, 大于 10℃活动积温 2 900℃以上,无霜期 140 天以上,年日照时数 2 900 小时以上,海拔高度 1 800 m以下,土壤 pH 小于 8.5 的沙壤土、轻壤土、壤土。

4.2　整地

4.2.1　整地时间

于栽植的前一年秋季或当年春季土壤解冻后整地。

4.2.2 密度

有补充灌溉条件的园地栽植株行距为 3 m×5 m；旱作区园地栽植株行距为 4 m×6 m 和 5 m×6 m。

4.2.3 大穴培肥

根据规划栽植密度,按照南北行向打点,开挖 80 cm × 80 cm × 80 cm 见方的定植穴,回填表土时每穴混施农家肥 20 kg。

4.2.4 灌水保墒

整地、施肥完成后,灌透水。

4.3 定植

4.3.1 苗木选择

建园时选用合格苗木。

4.3.2 栽植时间

4 月中下旬~5 月初。

4.3.3 栽前苗木处理

栽植前,解除嫁接苗木接口的绑缚物,进行根系修剪,浸根 24 小时,并用 3 号 ABT 生根粉溶液沾根。

4.3.4 栽植方法

栽植时,在整好的定植穴上挖栽植坑,将苗木置于栽植坑内,填土一大半时将苗木轻轻上提,让根系充分舒展、踩实,然后继续填土并踩实。

4.3.5 栽植深度

苗木栽植后,埋土超过嫁接口 3 cm 左右,待栽植穴灌水沉实后,使嫁接口与地面齐平。

4.3.6 浇水覆膜

栽植后及时浇透水,地面发白后及时覆膜,越冬时不撤膜。

5 整形修剪

5.1 主要树形及结构

适宜枣树丰产的树形有自由纺锤形、主干疏层形、多主枝自然半圆形等。旱作区多采用多主枝自然半圆形,在扬黄灌区可采用自由纺锤形树形、主干疏层形、多主枝自然半圆形。

5.1.1 自由纺锤形

适于灌区株行距 3 m×5 m 以上的密植园,在干高 40 cm,树高 3 m 以内,留骨干枝 8~10 个、角度 70°~80°、相邻骨干枝平均间距 25 cm、枝长 1.5~2.0 m、基部三个骨干枝可以临近,但不能邻接,同向骨干枝最小间距 50 cm。4~5 年完成整形。

5.1.2 主干疏层形

适于每 667 m² 栽 28~33 株,树形树冠大,树高 4.5 m 以下,主干分层排开,有明显的中心主干,光照良好,易丰产。全树有 7~9 个主枝,分 3~4 层排布在中心主干上。第一层主枝 3 个,层内距为 30~50 cm,第二层主枝 2~3 个,第二及第三层的层内距为 20~40 cm,第三层以上 1~2 个。

5.1.3 多主枝自然半圆形

适于干旱地区栽植,树体高大,无层次,树顶开张,光照良好,全树有 6~8 个主枝错落排列在中心主干上;主枝之间的距离为 40~50 cm,主枝与中心主干的夹角为 50°~60°;每个主枝上着生 2~3 个侧枝。侧枝在主枝上按一定的方向和次序分布,第一侧枝与中心主干的距离为 30~40 cm,同一主枝上相邻的两个侧枝之间的距离约为 30 cm;骨干枝不交叉,不重叠。

5.2 修剪

5.2.1 修剪时期

春季修剪在3月下旬至4月上旬进行，夏季修剪在生长期进行。

5.2.2 定植当年的夏剪

5.2.2.1 抹芽 苗木成活后当枣头新梢长至10 cm时，将主干上40 cm以下的枣头一律抹除，保留枣吊；定干高度不足40 cm的植株，留一个直立健壮的枣头做中央领导干，其余枣头抹除，保留枣吊。

5.2.2.2 绑枣头 当新生枣头生长至15~20 cm时，要以木棍绑缚固定，以防风折。

5.2.2.3 摘心 当苗木长至80 cm时摘心，于8月初对新梢一律进行摘心。

5.2.2.4 拿枝、拉枝 除中央领导干外，当年培养骨干枝的枣头半木质化时拿枝，角度70°~80°。拿枝不到位的于7~8月份拉枝至70°~80°。

5.2.3 定植第二年春剪

5.2.3.1 主干延长头修剪 栽植当年按时摘心的主干延长头，截去其顶端的二次枝即可；栽植当年没摘心的主干延长头，根据生长势强弱，剪留40~50 cm。

5.2.3.2 培养骨干枝 选择芽向适宜的二次枝留1、2、3节短截或利用枣头一次枝主芽两种方法培养骨干枝。不能过重剪截刺激旺长，每年培养的骨干枝数量控制在3~5个。

5.2.3.3 疏枝 疏除并生、对生、过低、过密枝、干枯枝、病虫枝。

5.2.3.4 拉枝 将角度不开张的骨干枝拉至70°~80°。拉枝时间在萌芽后进行，忌拉绳过紧或悬空物拉枝，枝条端的拉绳应垫物打结,防缢伤枝条。

5.2.3.5　刻芽　萌芽前在拟培养骨干枝的主干延长枝芽上方0.5 cm 处刻芽,刻深达木质部,伤口为干周的 2/3。

5.2.4　定植第二年夏季修剪

5.2.4.1　摘心　主干延长头和骨干枝在 60 cm 时摘心；二次枝在 6 月中旬开始摘心,强势二次枝留 7~9 节,弱势留二次枝 5~7 节;6 月下旬对枣头上一次枝和二次枝一律摘心。

5.2.4.2　开张角度　枣头半木质化时分几次将枝拿到 70°~ 80°。

5.2.5　定植第三至第五年春季修剪

5.2.5.1　中央领导干修剪　同 5.2.3.1。

5.2.5.2　骨干枝的修剪　树体间不相交时修剪同 5.3.2.2,骨干枝相邻时不再剪截。

5.2.6　第三至第五年夏季修剪

5.2.6.1　摘心　对于完成整形、春季修剪时未剪截的主干延长头和骨干枝延长头萌发的枣头新梢,长到 5 cm 时摘心。

5.2.6.2　抹芽　对于完成整形的植株和骨干枝,其上萌发的枣头新梢要及时抹除,以促进坐果和果实发育。枣头、二次枝摘心后萌发的枣头一律抹除。

5.2.7　盛果期树的修剪

5.2.7.1　延长头的修剪　主干延长头和骨干枝延长头均不再剪截。

5.2.7.2　摘心　在旺树上主干延长头和骨干枝延长头上萌发的枣头,长到 5 cm 时摘心,使形成木质化枣吊结果。

5.2.7.3　抹芽　对于树体上萌发的枣头要及时抹除,以促进坐果和果实发育。枣头、二次枝摘心后萌发的枣头一律抹除。

5.2.8　树体更新修剪

　　当骨干枝上二次枝的枣股结果年龄达到 5~7 年,所结果实品质下降时，每年自树体下部开始将 1/5~1/4 的骨干枝回缩至 20~30 cm 处，刺激萌发新的枣头。当年新枣头长到 50 cm 时摘心，经过 3 年更新培养出新的强壮的骨干枝和结果母枝。其余骨干枝以相同方法依次更新，保证树体结果母枝的活力和果品质量。

6　土、肥、水管理

6.1　土壤管理

枣园采取清耕制。在生长期内，雨后及时旋耕，7 月份进行全园中耕除草，保持地面疏松无杂草。晚秋清除园内杂草，全园深翻。

6.2　施肥管理

施肥以有机肥（基肥）为主，追肥要均衡，勿一次性集中施入大量肥料，要前促后控。

6.2.1　基肥

施基肥的最佳时间是采收后至冬灌前。施肥量:腐熟的农家肥 2 000 kg/667m²，磷酸二铵 25 g/株。

6.2.2　追肥

6.2.2.1　追肥种类　尿素、磷酸二铵、磷钾肥或复合肥。前期以氮肥为主，后期以磷钾肥为主。

6.2.2.2　追肥方法

6.2.2.2.1　定植当年追肥　定植当年，枣头长至 10 cm 左右时，在距树干 20 cm 处挖 25 cm 深的小穴 4 个，将肥料撒施其中，覆土灌水，追肥量 25 g/株。

6.2.2.2.2　覆膜树追肥　幼树在覆膜情况下，用直径 2 cm 的钢管在距主干 20 cm 处均匀打 4 个深 25 cm 的孔，将肥施入，追肥量 25 g/株,6 月份灌二次水时,结合灌水施入磷酸二铵 25 g/株,方法同上。

6.2.2.2.3 幼树期追肥 从第二年起,追肥只在第一次灌水(或有集雨水)时一次完成,施肥量可视坐果量增加至 0.1~0.25 kg/株。

6.2.2.2.4 盛果期追肥 进入盛果期,除结合第一次灌水(或有集雨水)追肥外,在 7~8 月果实迅速膨大期,视坐果量追施磷酸二铵 0.25~0.5 kg/株·次,施肥方法可采取多点小穴法或放射浅沟法。

6.3 灌水

在扬黄灌区、集水库区附近和有集水窖的地方,4 月下旬萌芽前后灌头水,6 月上中旬枣头新梢迅速生长和坐果期灌第二水,7 月上中旬果实膨大时灌第三次水,8 月份根据雨量灌第四水。

在干旱缺水地区,定植当年拉水浇灌三次,灌水时间分别为栽植后、6 月上中旬、7 月上中旬。

利用集水窖和拉水浇灌的地方,每次每株灌水 15 kg 左右。

7 花果管理

7.1 花期喷水

6 月份盛花期上午 8~10 时,下午 16~18 时,避开枣花大量散粉时间,对树冠进行雾状喷水。

7.2 花期放蜂

开花前 2~3 天进行放蜂,每 6 670 m² 枣园放蜂 1 箱。

8　主要害虫防治

8.1　防治原则

坚持"预防为主,科学防控,依法治理,促进健康"的原则,综合运用各种防治措施,优先采用农业措施、生物防治方法,配合施用高效、低毒、低残留的化学农药,在化学防治上抓枣树休眠期、虫害发生初期、虫体裸露期、转移为害期的防治,在大发生前3~5天提前防治,在一天中尽量选择上午10时前和下午4时后喷药。

8.2　加强植物检疫

调运苗木时,严格检疫,防止危险性病虫传播蔓延。

8.3　物理防治措施

8.3.1　休眠期防治

8.3.1.1　防治对象　大青叶蝉、酸枣尺蠖、枣大球蚧、枣瘿蚊、红蜘蛛、桃小食心虫等的越冬虫卵。

8.3.1.2　防治方法　综合采用刮、砸、捕捉等措施进行防治。

8.4　生物防治措施

使用生物制剂和天敌防治虫害。

8.5　化学防治措施

化学防治中农药使用符合 GB 4285、GB 8321.1、GB 8321.2中的规定。在萌芽前至果实采收前对枣大球蚧、红蜘蛛、酸枣尺蠖、枣瘿蚊、桃小食心虫、大青叶蝉适时进行树干、地表和叶面喷雾灭杀。

9　果实采收及干枣晾制

9.1　采收时期

鲜枣,在9月上中旬采收。

制干枣,在 9 月中下旬采收。

9.2　采收方法

鲜枣和制干枣提倡人工手摘法。采收人要戴柔质手套,采摘时轻摘轻放,防止一切人为或机械伤害,保证果实完整、无损伤和腐烂。

9.3　干枣晾制

对于采摘下来的制干枣,轻倒在晾棚内或室内的晾筛上,铺开晾 10 天左右,含水量小于 25% 时可收起贮存。

10　安全越冬措施

10.1　保护树干

对于 1~3 年的幼树,9 月上旬树干涂白,配方为:①生石灰 5 kg、硫磺 0.5 kg、水 20 kg 混合剂;②生石灰 5 kg、石硫合剂残渣 5 kg、水 20 kg 混合剂。

10.2　伤口保护处理

定干或短截时,二次枝不留桩,半木质化枣吊、干桩等要在修剪时剪平。冻伤、机械创伤口、拉枝裂口、剪锯口等及时涂封口胶并用微膜覆盖创口。

（本标准由宁夏回族自治区林业局提出和归口

本标准主要起草单位:宁夏同心县林业局

本标准参加起草单位:宁夏回族自治区林木种苗管理总站

本标准主要起草人:马廷贵、杨晓军、杨发忠、杨 玲、周全良、惠学东、刘 英、杨汉国、周丽荣、杨卫东、郭海燕、周浩蕊）

第三节　中宁圆枣栽培技术规程

1　范围

本标准规定了中宁圆枣栽培的适宜区域、优质丰产指标、育苗、建园、栽培管理、病虫害防治、采收和制干。

本标准适用于中宁圆枣的生产与管理。

2　规范性引用文件

下列文件中的条款通过本标准的引用而成为本标准的条款。凡是注日期的引用文件,其随后所有的修改单(不包括勘误的内容)或修订版均不适用于本标准,然而,鼓励根据本标准达成协议的各方研究是否可使用这些文件的最新版本。凡是不注日期的引用文件,其最新版本适用于本标准。

GB 2772　林木种子检验规程

GB 3059　环境空气质量标准

GB 5084　农田灌溉水质标准

GB 15618　土壤环境质量标准

DB64/T 417–2005　灵武长枣苗木繁育技术规程

DB64/T 418–2005　灵武长枣栽培技术规程

DB64/T 423–2006　宁夏主要造林树种苗木质量分级标准

3　栽培的适宜区域

3.1　气候条件

东经 105°26′~ 106°7′、北纬 37°9′~ 37°50′，年平均气温 9.2℃，年降雨量 180 mm 以上，无霜期 150 天以上。

3.2　立地条件

土质为旱沙土、轻壤土、壤土，土层深厚，有机质含量 0.3% 以上。

3.3　环境质量

3.3.1　水质

达到 GB 5084 规定要求。

3.3.2　大气环境

达到 GB 3059 规定要求。

3.3.3　土壤质量

达到 GB 15618 规定要求。

4　优质丰产指标

4.1　树形指标

树形主要有小冠疏散分层形和纺锤形。

4.1.1　小冠疏散分层形

中心干明显，干高 50 cm，主枝分三层排列。第一层 3 个主枝，第二层 2 个主枝，第三层 1~2 个主枝，层内距为 20~25 cm。层间距 1~2 层 100 cm 左右，2~3 层 80 cm 左右，分布均匀，树高控制在 3.5 m 以下。

4.1.2　纺锤形

主枝 8~12 个，均匀着生在中心干上，同侧主枝间距不小于

40 cm。主枝上不培养侧枝，直接着生结果枝组。干高 50~60 cm。树高控制在 3 m 以下。

4.2　产量指标

以每亩 44 株计，第三年亩产 20 kg 以上，第四年 40 kg 以上，第五年 160 kg 以上，第六年 280 kg 以上，第七年进入盛果期 400 kg 以上。

5　育苗

苗木的培育采用根蘖苗归圃和酸枣嫁接两种方式。

5.1　苗圃建立

5.1.1　土壤

选择土层深厚，排水良好的壤土或沙壤土。

5.1.2　施肥

每亩施腐熟农家肥 2 500~3 000 kg 作为基肥，撒施后耕翻 20~25 cm。

5.2　根蘖苗归圃育苗

在晚秋落叶后或早春萌芽前进行。归圃株行距 15 cm×60 cm，每亩移植根蘖苗 7 000~8 000 株，栽后灌足水，加强土肥水管理，第三年春即可出圃。

5.3　嫁接育苗

5.3.1　砧木苗培育

5.3.1.1　选用当年充分成熟的酸枣种仁，用水选法清除杂质及瘪粒后，用草木灰拌匀。

5.3.1.2　种子活力的检验方法参照 GB 2772 进行。

5.3.1.3　4 月下旬播种，亩播种量 2.5~3 kg，每床 2 行，每穴 3~5 粒，覆土厚度 2~3 cm，行内距 40~50 cm，穴距 8~10 cm，床距 60 cm，

每亩 8 000 穴左右。

5.3.1.4　苗高 3~5 cm 时,进行间苗,10 cm 左右时定苗。幼苗期不旱不灌,灌水宜在早晚进行,灌水后田内不能积水。

5.3.1.5　生长期追肥 2~3 次,每次亩追尿素 10~15 kg,磷酸二铵 15~20 kg。

5.3.1.6　适时中耕除草,做到除早、除小、除了。

5.3.2　接穗的选择、采集、处理及储存

5.3.2.1　选择芽体饱满,生长充实的一年生发育枝。

5.3.2.2　采集的最佳时间在 3 月中旬至 4 月上旬, 做到当天采集,当天剪穗,当天蜡封。

5.3.2.3　剪接穗以单芽为宜,长度一般在 5~6 cm,粗度 0.5 mm 以上,剪口距芽体 1~1.5 cm,剪去托刺。

5.3.2.4　蜡封　用 50# 石蜡加热熔化, 当温度达到 100℃~105℃,将接穗浸入石蜡液中,立即捞出,迅速均匀散开,降温 12 小时后,再收拢装袋储存。蜡封过程应在室内或有遮阴条件的地方进行。

5.3.2.5　接穗储存　蜡封后的接穗按 5~10 kg 进行装袋,塑料袋上留 4~6 个均匀的透气孔,储存期温度一般在 5℃左右。储存期间,定时倒翻观察,防止发霉。

5.3.3　嫁接

5.3.3.1　施肥和灌水　嫁接前施 1 次肥。用锄开深 10 cm 左右的条沟。每 667 m² 施入尿素 10~15 kg,磷酸二铵 15~20 kg,施肥后及时灌水。

5.3.3.2　剪砧　嫁接前将砧木地上部分留 10 cm 左右进行平茬。

5.3.3.3　灌水 10 天后进行嫁接,时间为 4 月中旬至 5 月上旬。

5.3.3.4　嫁接以劈接为主。将砧木根颈处土壤刨去 5~8 cm,剪去

砧木,剪口要平;在砧木横颈处用刀向下切 2~3 cm 长的纵切口,接穗下端削成楔形,削面长 2~3 cm,接穗顺切口插入,使接穗削面的皮层内缘和砧木劈口皮层内缘对齐,上部留白 0.5 cm;用嫁接塑料条将接口自上而下包扎严密,不漏缝隙。

5.3.4 嫁接苗管理

5.3.4.1 补接 接后 8~10 天检查接穗,凡皮色皱缩发暗,芽体变枯,立即补接。

5.3.4.2 抹芽 苗木嫁接后 15 天左右进行抹芽,对砧木上的萌芽,要抹小、抹早、抹了。

5.3.4.3 摘心 苗高超过 80 cm 摘心。

5.3.4.4 土肥水管理:6 月中旬嫁接苗长至 30 cm 左右,结合灌水,追施尿素 15 kg,磷酸二铵 15 kg。7 月中旬嫁接苗长 50 cm 时,灌第三次水,并施尿素 10 kg,磷酸二铵 20 kg。10 月下旬灌冬水。

5.3.4.5 虫害防治 枣瘿蚊用 2.5%敌杀死 3 000 倍液或 20%杀灭菌酯乳油 3 000 倍液防治;红蜘蛛用 15%扫螨净 3 000 倍液或 5%霸螨灵(杀螨王)1 500~2 000 倍;大绿浮尘子在成虫产卵前用 50%辛硫磷 1 000 倍液或 25%杀虫星 1 000 倍液防治。

5.3.4.6 鼠兔害防治 秋季及时清理田间杂草,投入药饵,防止鼠兔啃食苗木。

5.4 苗木出圃

5.4.1 出圃时间

4 月中旬~5 月初。

5.4.2 起苗分级

5.4.2.1 截干和修侧 起苗前一周灌水,一级苗截干 40 cm,二级苗截干 30 cm,剪去所有二次枝,剪口距主芽 1~2 cm。

5.4.2.2　起苗　起苗时避免伤害茎干和根系,保持根系完整。

5.4.2.3　分级　执行 DB64/T 423–2006 中相应的内容。

5.4.3　蘸浆

苗木捆好后,立即将根系全部浸入泥浆中蘸浆。

5.4.4　封杆

根系蘸浆后,苗木茎杆用羟甲基纤维素 50 倍液浸蘸。

5.4.5　装运车

苗木装车时,严禁踩踏苗木,造成损伤。最后用湿稻草帘覆盖苗木,并加盖篷布进行长途运输。

5.4.6　注意事项

苗木出圃要做到随起苗、随分级、随蘸浆、随封杆、随调用、随栽植。

6　建园

6.1　定植时间

4 月上旬~5 月上旬。

6.2　栽植前苗木根系

浸泡 12~24 小时。

6.3　密度

密植枣园株距 2~3 m,行距 3~4 m;枣粮等间作园,株距 3~6 m,行距 6~8 m。要求行向与生产路垂直。

6.4　定植穴

长、宽、深各 60 cm,钙积层土石灰土、沙石土长、宽、深各 80 cm,并换土。

6.5　定植

坚持深栽浅埋的原则,浇水、植苗、填土同时进行,定植深度略高于原土印,坑内填土覆实后呈锅底坑状。

7 栽后管理

7.1 土肥水管理

7.1.1 土壤管理

7.1.1.1 深翻扩穴。春季土壤解冻后萌芽前、秋季果实采收后土壤封冻前,距树干 1 m,挖深 30~50 cm、宽 40~50 cm 的环形沟,结合施基肥进行。

7.1.1.2 全园深翻,进入盛果期的枣园,在枣头停止生长后(7 月下旬至 10 月上旬)进行深翻,全年深翻 2 次,深度 20 cm 左右,冠外宜深,冠下宜浅。

7.1.1.3 中耕除草,5~8 月进行 3 次。

7.1.2 施肥

营养平衡施肥,依产量而施肥。

7.1.2.1 基肥施肥时间及施肥量　基肥以秋施为主。建园后第四年开始隔年进行,结合深翻扩穴,每株 20 ~30 kg 腐熟有机肥、1.5 kg 过磷酸钙、0.5 kg 碳酸氢铵混土施入。

8 年生以上枣树基肥,每株施腐熟有机肥 100~150 kg、过磷酸钙 3~4 kg、碳酸氢铵 1~2.5 kg。

7.1.2.2 基肥施肥方法　环状、放射沟隔年交替进行。

7.1.2.3 追肥施肥时间及施肥量　栽后第二年萌芽前,每株追施尿素 0.1~0.15 kg;第三年萌芽前追施磷酸二铵 0.25 kg;第五年萌芽前每株施尿素 0.5 kg;第七年萌芽前每株施 0.5 kg 磷酸二铵。7 月上旬每株追尿素 0.4 kg。

8 年以上每株全年施磷酸二铵 3~4 kg,尿素 1.5~2 kg,分别在 4 月上旬、5 月下旬、7 月上旬施入。

7.1.3　灌水

全年进行 5~6 次。

4 月中旬灌萌芽水,结合追肥进行。

6 月上旬灌开花坐果水,结合追肥进行。

7 月上旬灌长个水。

8 月初灌变色水。

10 月中旬灌冬水。

7.2　整形修剪

7.2.1　修剪时间

冬剪在 3~4 月中旬,夏剪在生长期进行,重点做好 5 月下旬至 6 月上旬的抹芽、疏枝和摘心工作。

7.2.2　幼龄树(1~7 年)修剪方法

7.2.2.1　原则　促生新枝,选留强枝,开张角度,扩大树冠,培养枝组,疏截结合。

7.2.2.2　方法　早春发芽前,间作园定干高度 80~100 cm,密植园定干高度 50~80 cm。定干后剪去剪口下第一个二次枝让主芽萌发培养中心领导枝,下部选 3 个方位好、角度适宜的二次枝留 1~2 节短截培养第一层主枝,其余过密者疏除。

第 3 年中心领导枝在 120 cm 处短截,并剪除剪口下第一个二次枝,利用主芽抽生新枣头继续做中心领导枝。以后再选取与第一层错落着生粗度为 1.5 cm 二次枝,各留 2~3 芽短截,培养第二层主枝,粗度不够 1.5 cm 且过密的二次枝,应从基部疏除。以后用同样方法培养第三层主枝。

7.2.3　结果树(8 年以上)修剪方法

7.2.3.1　原则　疏截结合,集中营养,维持树势,更新结果枝组,培养内膛枝,使内外立体结果。

7.2.3.2 方法 疏、缩、放结合,控制树高和冠幅,更换 7 年生以上枣股,维持树势,清除无用枝,改善光照,调节、改造骨干枝。

7.3 花期管理

7.3.1 抹芽

5 月中旬开始将不做延长枝和结果枝组培养的新枣头均从基部抹除,抹早、抹小、抹尽。

7.3.2 疏枝

疏除内膛影响通风透光的多年生枝和徒长枝。

7.3.3 摘心

6 月上旬, 开始对选留培养枝组的枣头进行摘心。具体为:中小型结果枝组留 4~7 个二次枝摘顶心;大型结果枝组留 7~9 个二次枝摘顶心,对骨干枝延长头则留 10~12 个二次枝摘顶心。

7.3.4 拉枝

6 月下旬将生长直立和摘心后的枣头拉平。

7.3.5 喷肥

6 月上旬(40%的花开放)开始每隔 5~7 天喷一次 0.3%磷酸二氢钾+0.3%尿素混合液和 0.5%的硼砂溶液交替喷施。

7.4 病虫害防治

坚持贯彻保护环境,维持生态平衡的环保方针及预防为主、综合防治原则。采用农业防治、生物防治和化学防治相结合的措施。做好病虫害的预测预报和药效试验,提高防治效果。禁止使用国家禁用农药。

7.4.1 农业防治

7.4.1.1 清园 秋季清理枣园修剪下来的残枝、病虫枝条、病虫果实连同园地内的枯草落叶,集中园外烧毁,杀灭病虫源。

7.4.1.2　休眠期刮树皮堵树洞，将刮除的粗树皮运到园外集中烧毁。

7.4.1.3　土壤耕作　早春土壤浅耕、中耕除草、挖坑施肥、灌水封闭和秋季翻晒园地，杀灭土壤中羽化虫体，降低虫口密度。

7.4.2　主要虫害防治

7.4.2.1　枣实虫（又名枣花心虫）

7.4.2.1.1　防治时间　6月上中旬、7月下旬。

7.4.2.1.2　选用农药　高效低毒农药。

7.4.2.1.3　防治方法　花期和幼果期用来福灵3 000倍液，50%辛硫磷乳油1 000倍液或2.5%溴氢菊酯3 000倍液进行树体喷雾。

7.4.2.1.4　注意事项　花期放蜂的枣园喷药四、五天后可恢复放蜂。

7.4.2.2　桃小食心虫

7.4.2.2.1　防治时间　5月底前、6月中旬、7月上旬。

7.4.2.2.2　选用农药　以生物源农药为主。

7.4.2.2.3　防治方法

物理防治　5月底前，对距树干半径100 cm以内的地面覆盖地膜或距树干半径50 cm范围内地面堆高约20 cm的土堆，并拍打结实，阻止幼虫出土。

化学防治　幼虫出土期，用75%辛硫磷500倍液喷洒树盘。7月上旬，用灭幼脲3号1 500倍液进行树体喷雾。

7.4.2.3　枣瘿蚊

7.4.2.3.1　防治时间　5月初、6月初。

7.4.2.3.2　选用农药　杀灭菊酯。

7.4.2.3.3　防治方法　5月初喷2 000~3 000倍杀灭菊酯或溴氢

菊酯,6月初再喷一次。

7.4.2.3.4 注意事项 气温高时,宜在上午 10 时前和下午 4 时后喷布农药。

8 采收与制干

8.1 采收期

8.1.1 鲜食

在果实脆熟期采收。

8.1.2 加工

在果实白熟期采收。

8.1.3 制干

在果实完熟期采收。

8.2 采收方法

8.2.1 鲜食和加工分期用手采摘

8.2.2 制干一次性采收。

8.3 制干

采用荫干法、晒干法和烘烤法。

8.3.1 阴干法

在室内,用自然通风的方法,使枣果逐渐散发水分成为干枣。

8.3.2 晒干法

在室外,直接晒制而成。

8.3.3 烘烤法

在室内,烘烤制成干枣。

（本标准主要参考 DB64/T 418-2005 和 DB64/T 423-2006 制定而成。

本标准按照 GB/T 1.1–2000《标准化工作导则 第 1 部分：标准的结构和编写规则》和 GB/T 1.2–2002《标准化工作导则 第 2 部分：标准中规范性技术要素内容的确定方法》编写。

本标准由中宁县质量技术监督局提出。

本标准由中宁县林业局归口。

本标准起草单位：中宁县林业局、中宁县果品协会

本标准起草人：魏志坚、高长玲、马英翰、杨晓冬、祁伟、刘自祥、宋淑英、吴忠、王贵荣、马艳）

第四节　宁夏干旱区压砂地枣树栽培技术规程

1　范围

本标准规定了宁夏干旱区压砂地枣树栽培的园地选择、环境质量、品种和砧木选择、育苗建园、施肥、补水与土壤管理、整形修剪、病、虫、野兔害防治及枣果制干等技术。

本标准适用于宁夏干旱区压砂地枣树生产。

2　规范性引用文件

下列文件中的条款通过本标准的引用而成为本标准的条款。凡是注日期的引用文件，其随后所有的修改单（不包括勘误的内容）或修订版均不适用于本标准，然而，鼓励根据本标准达成协议的各方研究是否可使用这些文件的最新版本。凡是不注日期的引用文件，其最新版本适用于本标准。

GB 3059　环境空气质量标准

GB 5084　农田灌溉水质标准

GB 15618　土壤环境质量标准

3　园地选择

3.1　地势地形

应选择地势平坦或坡度小于 15°的缓坡地建园。

3.2　土壤条件

土壤 pH7.5~8.5、无盐渍化的沙壤土或壤土,土层厚度 50 cm 以上。

3.3　压砂地质量

沙砾厚 12~15 cm,沙土分离。

4　环境质量要求

4.1　补灌水质应符合 GB 5084 规定要求。

4.2　大气环境应符合 GB 3059 规定要求。

4.3　土壤质量应符合 GB 15618 规定要求。

5　品种和砧木选择

海拔 1 400 m 以下栽培地区以同心圆枣、中卫大枣、中宁圆枣为主;海拔 1 400 m 以上栽培地区应以同心圆枣、中卫大枣为主;嫁接苗以酸枣为砧木。

6　育苗

苗木的培育采用根蘖苗归圃和酸枣嫁接两种方式。

7　建园

7.1　整地

7.1.1　整地时间

雨季前或封冻前完成。

7.1.2　整地方式

全面整地,新砂地用耙中耕,深度达土层。老砂地要用耙翻犁,耖耧疏松土层已形成的硬壳,蓄水保墒。

7.2　栽植方式

压砂地红枣栽植分植苗造林和酸枣直播造林两种栽植方式。

7.3　栽植密度

新砂地采用株行距 3 m×8 m,老砂地采用株行距(4~6) m×6 m,每公顷栽植 278~416 株。

7.4　植苗造林时间

海拔 1 400 m 以下地区,4 月 15 日~5 月 1 日栽植;海拔 1 400 m 以上地区,4 月 20 日~5 月 5 日栽植。

7.5　枣苗规格

应选用一级、二级枣树苗建园。

7.6　枣苗栽前处理

7.6.1　苗圃截干、修二次枝

起苗前 7 天内,对枣苗截干、剪二次枝。一级苗剪留 50 cm,二级苗剪留 40 cm。二次枝剪留 1~1.5 cm。

7.6.2　苗圃灌水

起苗前 5~7 天灌水。

7.6.3　起苗

采用起苗犁或人工起苗,主根长 25 cm 以上,侧根长 15~20 cm。

7.6.4　枣苗分级假植

随起苗随分级,20 株一捆,随即假植。

7.6.5　根系沾泥浆和包裹

装车运输前,对枣苗根系沾泥浆,然后将根系用塑料薄膜包裹。

7.6.6　运输

枣苗装车后,必须用篷布盖严,运输过程中注意检查篷布有无破漏,防止漏风失水。

7.6.7　假植管理

枣苗运到栽植地点后应立即假植。假植地点要选在避风和土壤保水性好的地方,开深、宽各 50 cm 左右的假植沟。苗干倾斜 30°单层摆放,随即埋土,要使枣苗和土壤紧密接触,埋土深度达苗干 2/3,随即灌水,然后在枣苗上覆盖草帘,以后每天在草帘上洒水。

7.6.8　枣苗修根,解除绑缚物

栽前先将假植枣苗起出,剪除伤烂、病根、过长根,解除嫁接绑缚物。

7.6.9　清水泡根

将已经修整过根的枣苗,根系用水浸泡 12~24 小时。

7.6.10　苗干处理

栽前苗干蜡封或沾石蜡保水剂。

7.6.10.1　蜡封

用直径 40~50 cm、深 50 cm 以上的平底铁锅或铁桶做加热容器。先在其内加 10 cm 左右的水,再加入水量 3~4

倍的 54 号工业石蜡,加热使石蜡融化后,将苗干倒置迅速沾蜡,时间为两秒。

7.6.10.2 沾石蜡保水剂　将石蜡保水剂原液与凉开水各一份混匀后,把苗干放入其中,使苗干充分接触石蜡液。

7.6.11 苗根醮生根粉

栽前用 50 mg/kg ABT 生根粉醮根。

7.6.12 苗田间运输及保湿发苗

处理好的枣苗用塑料袋包根,加盖篷布运至栽植地点,然后将枣苗放入装有水的水桶中,栽一株取一株。

7.7 植苗栽植技术

7.7.1 放线定点

同一片区或同一块地,统一放线挖穴、栽植,使之横、竖成行。

7.7.2 挖穴

先将定植点上的沙石层清去 60 cm×60 cm 以上, 在露出的土壤上挖 45 cm×45 cm×45 cm 的定植穴, 将挖出的土壤堆放在预先准备好的纤维袋上。

7.7.3 栽植

放入苗木后,边倒土边提苗,填至一半时进行第一次踩踏,然后将其余土填入踏实,随即灌水,灌水量不少于 15 kg,水完全下渗,地表发白时复原沙层。

7.8 栽后补水

根据土壤墒情,及时补水。一般在 6、7 月份各补水 1 次,每次每株补水 10~15 kg。

7.9　酸枣直播造林

7.9.1　酸枣播种时间

海拔 1 400m 以下地区，4 月 20 日~5 月 30 日为宜；海拔 1 400~1 900 m 地区，4 月 25 日~5 月 20 日为宜。

7.9.2　种子处理

将选购好的酸枣仁，用清水漂去秕、杂、破粒，浸泡 24 小时，然后放置在温度 18℃~32℃、湿度 95% 的环境中，每 8 小时换水 1 次，催芽 2~4 天，芽露白时播种。

7.10　酸枣直播技术

7.10.1　选地

选择土壤含水量在 10% 以上的沙地。

7.10.2　播种方法

按株行距确定穴位，采用穴播，方法同种瓜。先清沙，然后刨松土壤，播种子 4~6 粒，覆土 2~3 cm。

7.10.3　播种后管理

播后一周开始查看，酸枣出土后及时除去大石块或塑料罩杯，换成小块沙砾，促进酸枣生长，酸枣苗高达到 5 cm 时，保留 2 株高壮苗，其余间除，生长季节经常除草、防虫。

7.10.4　酸枣嫁接

7.10.4.1　嫁接时间　酸枣苗龄 2 年时为最佳嫁接时期。此时，根茎粗度均达到 0.8 cm 以上。嫁接时间为 4 月 20 日~5 月 15 日。

7.10.4.2　嫁接方法　以劈接法为主亦可用舌接法。

7.10.4.3　嫁接后管理　及时抹除砧木上的萌芽，是确保成活的关键。新梢长 20 cm 时，设立支柱，防风吹折。7、8 月松绑，苗高达 80 cm 摘心，8 月 1 日对苗高达不到 80 cm 的一次枝，亦全部摘心。

8　施肥

8.1　施肥原则

平衡施肥,依产量施肥,以基肥为主。

8.2　施肥时间

秋季采收后至 10 月底。

8.3　施肥方法

在树冠外沿开沟施入,深度 20 cm,长度根据冠径大小确定。一年南北、一年东西交替进行。

8.4　施肥量

1~3 年生株施腐熟有机肥 5 kg,氮、磷、钾复合肥 0.2 kg;4~5 年生株施有机肥 7.5~10 kg,氮、磷、钾复合肥 0.4~0.5 kg。

9　补水

有补水条件的, 在 1~3 年内可于 4 月底、6 月上旬补水,4 年生以上可于 6 月上旬补水或特别干旱时期补水,每株每次 20 ~ 30 kg。

10　土壤管理

10.1　耙砂(用耙耧疏松砂层,破除板解)、除草

新砂地每年全园耙砂 1~2 次,老砂地每年全园耙砂 2~3 次,夏季雨后结合除草 2~3 次。及时清除杂草。

10.2　除蘖

春季、秋季各清除根蘖一次。

10.3　间作

间作物以西瓜、甜瓜、芝麻、茴香等为主。

枣树定植当年,枣树行两边各留 0.5 m,以后每年两边各增宽 0.5 m。

11 整形修剪

11.1 主要树形及结构

适宜压砂地枣树丰产的树形有疏散分层形、自然圆头形和开心形。

11.1.1 疏散分层形

疏散分层形有明显的中心主干,全树有 6~8 个主枝,分 2~3 层排布在中心主干上。树高 3 cm 以内,第一层主枝 3 个,第二层主枝 2~3 个,第三层主枝 1~2 个;主枝与中心干的基部夹角约为 60°左右;每个主枝一般着生 2~3 个侧枝,侧枝在主枝上要按一定的方向和次序分布,第一侧枝与中心主干的距离应为 40~60 cm,同一枝上相邻两个侧枝之间的距离约为 30~50 cm;第一与第二层之间的层间距离为 80~100 cm,第二与第三层之间的距离为 60~80 cm;第一层的层内距为 40~60 cm,第二及第三层的层内距为 30~50 cm。

11.1.2 自然圆头形

全树有 6~8 个主枝,错落排列在中心主干上;主枝之间的距离为 50~60 cm,主枝与中心主干的夹角为 50°~60°;每个主枝上着生 2~3 个侧枝,侧枝在主枝上按一定的方向和次序分布,第一侧枝与中心主干的距离应为 40~50 cm,同一主枝上相邻的两个侧枝之间的距离约为 40 cm;骨干枝不交叉,不重叠。

11.1.3 开心形

主干高 80~100 cm,树体没有中心主干;全树 3~4 个主枝轮生或错落着生在主干上,主枝的基角约为 40°~50°,每个主枝上着生 2~4 个侧枝，同一主枝上相邻的两个侧枝之间的距离约为40~50 cm，侧枝在主枝上要按一定的方向和次序分布，不相互重叠。

11.2 幼龄树(1~6 年)修剪(疏散分层形)

11.2.1 修剪时期

冬季修剪在 3 月上旬至 4 月上旬进行，夏季修剪在生长期进行。

11.2.2 定植当年的修剪

11.2.2.1 抹芽 枣苗成活后，当枣头新梢长至 5 cm 时，留一个直立健壮的枣头做中央领导干，其余枣头抹去，保留枣吊。

11.2.2.2 摘心 当年枣头新梢 40~50 cm，株高 80 cm 时摘心，对 8 月 1 日之前不停长的枣头一次枝、二次枝一律进行摘心。

11.2.3 定植第二年冬剪

11.2.3.1 延长头修剪 对上年已摘心的延长头上的顶端二次枝，留 1~1.5 cm 进行短截。

11.2.3.2 主枝培养方法 选留着生方位好、角度开张、生长健壮、部位适宜的二次枝 3 个，剪留 1~3 节，剪口下芽留在所需发枝方向，培养主枝，萌芽后主芽不萌发，应抹去剪口下芽上的枣吊，促主芽萌发。

11.2.4 定植第二年夏剪

摘心 主干和主枝延长头在 50 cm 左右摘心，二次枝在 6月中旬开始摘心，强势二次枝留 8~10 节，弱势二次枝留 6~8节；8 月 1 日对不停止生长的枣头一次枝和二次枝全部摘心。

11.2.5 定植第三年至第六年冬剪

11.2.5.1 延长头修剪 上年摘心的中央干、主枝延长头，截去其顶端二次枝。按照树形结构，在中央干上按第二年修剪方法培养第二层和第三层主枝。第一层主枝上需要培养侧枝,可在相应位置分别采用二次枝截留1~3节或疏除二次枝培养。

11.2.5.2 结果枝组培养 对空间较大处的二次枝进行短截促发枣头,并根据空间大小及时摘心,培养大、中、小不同的结果枝组。

11.2.5.3 疏除和回缩 及时疏除过密、交叉、细弱的枣头一次枝和二次枝;回缩过长枣头枝。

11.2.5.4 树体控制 树高3.0 m,冠幅4.0 m时,延长头采用堵截,控制树体。

11.2.6 定植第三年至第六年夏剪

11.2.6.1 摘心 树形培养期延长头摘心同第二年。树形培养完成后,新生枣头花前保留1~2个二次枝摘心。

11.2.6.2 抹芽 及时抹除无空间或无利用价值的新生枣头。

12 虫、兔害防治

12.1 主要虫害及兔害

压砂地枣树虫害较少。目前发现的主要有枣瘿蚊、豆天蛾、野兔。

12.2 防治原则

采用无公害防治技术,坚持"预防为主,综合防治"的原则,综合运用农业措施、生物防治等防治措施,配合使用高效、低毒、低残留的化学农药。在化学防治上抓虫害发生初期和虫体裸露期的防治。

12.3 枣瘿蚊防治

5月初、6月初各喷施一次苦参素3号乳油1 000倍液防治。

12.4　豆天蛾防治

6月初~8月初人工捕捉幼虫,或喷800倍大功臣液防治。

12.5　野兔危害防治

对主干未老化的1~3年生枣树,于秋末至第二年5月,采用塑料条或铁质窗纱绑扎树干、树枝围扎树干、树干套塑料筒、树干涂刷白色涂料、避忌剂或人工捕杀等进行防治。

13　果实采收与制干

13.1　采收期

13.1.1　加工果

在果实白熟期采收。

13.1.2　鲜食果

在果实脆熟期采收。

13.1.3　制干果

在果实完熟期采收。

13.2　采收方法

13.2.1　加工和鲜食

分期用手采摘。

13.2.2　制干

一次性震落采收。

(本标准由宁夏回族自治区经济林技术推广服务中心提出

本标准由宁夏回族自治区林业局归口

本标准由宁夏回族自治区经济林技术推广服务中心、中卫市果树站、中宁县林业局负责起草

本标准主要起草人:刘定斌、刘廷俊、赵世华、唐慧锋、尚子华、祁伟、丁婕)

第五节　灵武长枣日光温室促成栽培技术规程

1　范围

本标准规定了灵武长枣在日光温室促成栽培的术语、定义、产地环境及场地条件、温室建造、建园、扣棚、栽后管理等生产技术要求。

本标准适用于宁夏区域内灵武长枣日光温室促成栽培技术。

2　规范性引用文件

下列文件中的条款通过本标准的引用而成为本标准的条款。凡是注日期的引用文件,其随后所有的修改单(不包括勘误的内容)或修订版均不适用于本标准,然而,鼓励根据本标准达成协议的各方研究是否可使用这些文件的最新版本。凡是不注日期的引用文件,其最新版本适用于本标准。

GB/T 4285　农药安全使用标准

DB64/T 135　高效节能日光温室建造规程

DB64/T 418　灵武长枣栽培技术规程

DB64/T 419　鲜灵武长枣

3　术语和定义

下列术语和定义适用于本标准

3.1　促成栽培

以提早成熟上市为主要目的的设施栽培。

3.2　需冷量

灵武长枣通过休眠期所必需的 0℃~7.2℃累计小时数叫需冷量。灵武长枣完成正常休眠所需的需冷量初步为 850 小时。

4　产地环境及场地条件

4.1　产地环境

产地环境应符合 DB64/T 418 的规定。

4.2　场地条件

4.2.1　光照条件

选择四周无影响采光的高大遮阴物(如建筑物、树木等),地势平坦开阔的地方建造温室。

4.2.2　土壤条件

选择土层深厚、土壤肥沃的沙壤或壤土地为宜。pH≤8.5,地下水位>1.8 m。在沙土或黏土地上建园必须利用客土和增施有机肥的方法进行土壤改良。

4.2.3　灌排条件

在引黄灌区,夏季以灌黄河水为宜,冬春季用井水补灌。在山区必须备有井灌设施或足够的蓄水窖,保证所需水源。在灌区还应注意排水。

4.2.4　防风条件

温室建设地点,切忌选择在风口地带。山区或地势较高地带,在不影响温室采光的情况下,宜营造防护林,减少灾害性天气影响。

5 温室建造

5.1 长度与跨度

温室长度 70~100 m，跨度 7~9 m。

5.2 脊高

脊高 3.5~4.2 m。

5.3 棚面角度

地角即温室南面棚膜与地面的夹角，一般为 60°~75°；棚角也叫前屋角即温室主棚面与水平线之间的夹角，一般为 22°~23°；仰角也叫后屋角，一般为 40°~45°；顶角，一般为 16°~18°。

5.4 棚膜

棚膜透光性要好。首选乙烯-醋酸乙烯酯（EVA）多功能复合膜，具有保温、长寿、流滴、消雾、耐老化功能，厚度 0.12 mm。最好 1 年更换一次棚膜。

6 建园

6.1 栽植密度

株行距以 0.7~1 m×1.5~2 m 为宜，每 667 m² 栽植 635~333 株。或采用计划性密植，先密后稀，以提高前期产量。行向以南北向为宜。

6.2 整地培肥

沙壤土地，按照行距开深宽各 50~80 cm 的定植沟，底层填入 20 cm 厚的秸秆和表土，上部填入掺匀肥土，然后灌水沉实。每 667 m² 施入腐熟农家肥（羊粪等）5 t 或鸡粪发酵肥 2 t，复合肥 50 kg，过磷酸钙 100 kg，在上年冬灌前进行为宜。壤土地，除按上述要求施肥外，还需掺入一定量的沙土，增加土壤的透气性。老果园改造地,要进行土壤消毒。消毒剂采用农用高锰酸钾500 g/667 m²,整地时掺入一定量的沙土均匀撒入田间,然后进行深翻。

6.3　栽植

6.3.1　栽植时间

春秋均可栽植,以春栽为主。春栽适宜时间为 4 月下旬。秋栽时间为枣树落叶后至冬灌前。

6.3.2　苗木选择

选择地径 1.5 cm 以上、苗高 1.2 m 以上的酸枣嫁接苗,嫁接口愈合良好,根系完整,主根长 30 cm 以上,长度 20 cm 的侧根6 条以上,无劈裂伤,无病虫害。

6.3.3　栽植方法

在准备好的定植沟上起垄,垄高 20~30 cm,宽 80 cm。在垄上按株距挖 40 cm 见方的定植穴,将苗木置于定植穴内,填土一半时将苗木轻轻上提,使根系舒展,然后继续填土并踩实。栽植深度为嫁接口与垄面相平,栽后随即灌透水。待地表稍干时,顺行覆盖地膜,增温保墒,促进成活和生长。

6.3.4　定干

定干高度视苗木规格和栽植密度而定,南低北高,相差 10~20 cm。苗木地径 1.2~1.5 cm 时,采用 0.7~1 m×1.5 m 的株行距,定干高度 30~40 cm;地径大于 1.6cm 时,采用 1 m×2 m 的株行距,定干高度 40~60 cm。

7　扣棚

7.1　人工低温暗光促眠

10 月下旬到 11 月上旬开始覆棚膜、盖草帘,让棚室白天不见光,降低棚内温度;夜间揭开前沿通风口,尽可能创造 0℃~7.2℃的低温环境,经 30~40 天即可满足其低温需冷量。

7.2 覆盖地膜

升温前 30 天,对全棚地面覆盖黑色地膜,增温保湿。

7.3 升温

上年 12 月下旬~翌年 1 月上旬拉苫升温。升温初期,先拉开 1/3 草帘,7 天后再拉开 1/2 草帘,10 天以后将草帘全部拉开。

7.4 棚内温度管理

每天日出前后揭苫进光增温,日落前放苫保温,尽可能延长日照时间。升温后按照枣树不同生育时期的要求控制温度(见表 4-2)。当棚外温度接近或高出棚内枣树生育期所需温度时,可逐渐揭开薄膜,适应外界环境。

表 4-2　灵武长枣生育期适宜的昼夜温度

生育期	昼温(℃)	夜温(℃)
萌芽前	15~18	5~8
萌芽后	17~22	10~13
抽枝展叶	18~25	10~15
初花期	20~28	15~20
盛花期	25~35	15~20
果实发育期	25~30	15~20

7.5 棚内湿度管理

萌芽前相对湿度 70%~80%;萌芽至抽枝展叶期相对湿度 50%~60%;花期相对湿度 70%~85%;果实发育期相对湿度 30%~40%。果实成熟期遇连阴雨,可在着色始期临时覆防雨薄膜,但四周必须打开,保持通风。

8 栽后管理

8.1 土肥水管理

8.1.1 土壤管理

除定植当年间作蔬菜外，进入结果期全棚进行土壤覆盖黑色地膜，尽可能保持土壤水分。果实采收后及时撤去地膜，进行耕翻晾晒，结合施基肥深翻扩穴。

8.1.2 施肥

8.1.2.1 基肥 每年枣果采收后至冬灌前秋施基肥，愈早愈好。施肥量为腐熟农家肥（羊粪等）5 t/667m²，复合肥 0.25 kg 左右/株。

8.1.2.2 追肥 追肥种类为尿素、磷酸二铵、复合肥。

8.1.2.2.1 追肥方法 定植当年待枣头长 15 cm 左右时，在地膜上距树干 25 cm 处用 φ2 cm 的钢管或施肥器均匀打 4 个深 25 cm 的孔，将肥料施入，株施尿素 25 g；6 月中下旬对生长较弱的苗木追施复合肥 30 g/株。

从第 2 年起，年追肥 2~3 次。2 月中下旬萌芽前追施磷酸二铵 0.25 kg 左右/株；3 月下旬至 4 月上旬开花前追施尿素 0.15 kg 左右/株；5 月底 6 月初果实膨大期追施复合肥 0.25~0.3kg/株，方法同上。

8.1.2.2.2 叶面喷肥

叶幕形成后，每 15 天喷施一次。花前以 0.3%尿素为主，花期加喷 0.3%硼砂，幼果期以后以 0.3%磷酸二氢钾为主，辅以钙肥、铁肥和其他微肥。叶面喷肥可选择性结合喷药进行。

8.1.3 灌水

灌水要掌握前足后控，少量多次的原则。

8.1.3.1 定植当年灌水 栽后 20 天灌第 2 水。7 月份以后控制灌水。一年灌水 4~6 次。

8.1.3.2 结果期灌水 定植第二年即开始挂果，全年灌水 6~8 次。可分别于升温后至萌芽前(2 月份)、开花前(3 月下旬至 4 月上旬)、幼果期(4 月下旬至 5 月上旬)、果实膨大期、上色期、果实采收后进行灌水。其他时间视土壤墒情可适当灌水。

采用膜下滴灌方式的,根据土壤水分含量监测数据,保持地面 20 cm 处土壤含水量在 18%~20%。

花期为增加空气湿度采取膜上漫灌方式。灌水时应关注天气变化,花期遇阴雨天必须停止灌水。

8.2 整形修剪

8.2.1 主要树形及结构

树形选用自由纺锤形、开心形和主干形。棚前两行采用开心形,其余采用自由纺锤形或主干形。

8.2.1.1 自由纺锤形 干高 40 cm,树高 1.4~1.6 m,骨干枝 5~6 个,角度 70°~80°,相邻骨干枝间距 20 cm 左右,枝长 0.75~1.0 m。同向骨干枝最小间距 40 cm。3 年左右完成整形。

8.2.1.2 开心形 干高 40 cm,树体没有中心干。全树 3~4 个主枝轮生错落在主干上,树高 1.2~1.4 m,主枝角度 45°~50°,每个主枝上着生 1~2 个侧枝,第一侧枝距主干 40 cm,侧枝与侧枝间距 40 cm。2~3 年完成整形。

8.2.1.3 主干形 干高 40~50 cm,树高 1.0~1.2 m,中心干上不留主枝,直接着生结果枝组。2 年完成整形。

8.2.2 修剪(自由纺锤形)

春季修剪在升温后至萌芽前进行(1~2 月份),夏季修剪在 3~8 月份生长期进行。

8.2.2.1 定植当年修剪

8.2.2.1.1 抹芽 新生枣头长至 5 cm 时开始抹芽。定干高度在 50~60 cm 的枣树,主干 40 cm 以下的枣头全部抹去,保留枣吊,40 cm 以上的枣头保留;定干高度在 40 cm 以下的枣树,留一个直立健壮枣头做主干延长头,其余枣头全部抹去,保留枣吊。

8.2.2.1.2 绑枣头 中心干枣头长至 30~40 cm 时,设立支柱将其固定。

8.2.2.1.3 摘心 当新生枣头长 50~60 cm 时进行摘心,二次枝留 4~5 个枣股摘心。于 7 月 20 日前,对抽生 30 cm 以上的新枣头全部摘心。

8.2.2.1.4 拿枝、拉枝 新抽生的枣头半木质化时,除主干延长头外,其余枣头全部拿枝,开张角度为 70°~80°。每隔 3 天拿枝 1 次,连续进行 2~3 次。拿枝不到位的,于 7、8 月份拉枝至 70°~80°。

8.2.2.2 定植第二年春剪

8.2.2.2.1 主干延长头修剪 短截中央领导干及剪口下第一个二次枝,使其继续延伸。主干延长头上每 15~20 cm 短截一个二次枝,培养主枝(根据芽向,留 1~3 节),主枝均匀分布。

8.2.2.2.2 骨干枝修剪 上年骨干枝长度达到树形生长要求的,缓放不动。长度未达到树形生长要求的,截去顶端二次枝、留外向芽,继续延长生长。

8.2.2.2.3 拉枝 将角度不开张的主枝拉至 70°~80°。

8.2.2.3 定植第二年夏剪

8.2.2.3.1 抹芽、疏枝 抹除不能利用的新生枣头和摘心后萌发的二次、三次枣头、枣吊。疏除未能及时抹除和密生遮光的枣头枝。

8.2.2.3.2 拿枝、摘心 方法同上年。

8.2.2.4　定植第三年春剪　基本修剪方法和内容同第二年,要点如下。

8.2.2.4.1　骨干枝的修剪　树高达到树形要求的,顶部不动剪,只在中央干上培养新主枝,方法同上年;主枝长度达到要求的,缓放不动。

8.2.2.4.2　疏枝　疏除中心干上位于主枝之间的无效二次枝和过密的枣头枝。

8.2.2.5　定植第三年夏剪　基本修剪方法和内容同第二年,要点如下。

对于树高和主枝长度达到树形生长要求的,主干延长头和主枝延长头上当年萌发的新生枣头,长 5 cm 时摘心。

8.2.2.6　成形树的修剪　3 年完成整形后,树高达到 1.4~1.6 m、骨干枝 5~6 个,长度达 0.75~1 m 时,春剪以疏枝为主,夏剪采用抹芽或极重摘心新枣头培养或木质化枣吊促进结果。对骨干枝基角≤45°者,重短截重新培养。

8.3　花果管理

8.3.1　提高坐果率措施

8.3.1.1　抹芽、摘心　及时抹除多余的新生枣头。开花前对枣头、二次枝、木质化枣吊进行摘心,木质化枣吊长 25~30 cm 时摘心。

8.3.1.2　花期喷施激素和微量元素　枣吊上有 5~8 朵花开放时,树体喷施 20~25 mg/L 的赤霉素(gibberellic acid)加 15 mg/L 硼酸混合液。以上午 10 时以前或下午 5 时以后喷施为宜。

8.3.1.3　花期放蜂　开花前 2~3 天,每棚放 1~2 箱蜜蜂辅助授粉。

8.3.2　疏果

在幼果膨大期对坐果量过大的枣吊进行疏果,每枣吊留果

2~4 个,木质化枣吊留果 10~20 个。

8.4　病虫害防治

坚持"预防为主,综合防治"的原则,采用农业防治、生物防治、化学防治相结合的措施, 做好病虫害的预测预报和药效试验,提高防治效果。

8.4.1　加强苗木检疫

调运苗木时,严格检疫枣大球蚧、梨圆蚧和枣疯病等。

8.4.2　农业防治措施

8.4.2.1　休眠期清园　春剪后,清除棚内所有枯枝落叶,集中棚外烧毁。

8.4.2.2　枣果采收后耕翻　枣果采收后尽快撤去地膜, 清除田间杂草、枯枝落叶、病虫果实,集中棚外烧毁。对园内土壤进行耕翻晾晒。

8.4.3　主要病虫害防治

2 月下旬棚内温度上升到 20℃时, 喷施 3~5 Be°石硫合剂（calcium polysulfide）或 25 倍晶体石硫合剂, 预防多种病虫害。

8.4.3.1　枣叶壁虱和红蜘蛛　5 月份幼果期喷施阿维菌素（abamectin）4 000 倍液,6~7 月果实膨大期喷施哒螨酮（pyridaben）3 000 倍液,8~9 月枣果采收后喷施炔螨特（propargite）2 000~3 000 倍液或三唑锡（azocyclotin）1 000~1 500 倍液。

8.4.3.2　桃小食心虫　在桃小成虫期, 棚内每隔 30~40 m 布置一个桃小食心虫性诱剂诱捕器,测报兼诱杀成虫。根据测报,在 6 月初喷施甲氰菊酯（fenpropathrin）2 500 倍液, 间隔 7~10 天,连喷 2~3 次。

8.4.3.3 枣树黄叶病 在 4~6 月新枣头迅速生长期，喷施海泽拉 300 倍液和氨基酸液肥 800 倍液的混合液，每隔 15 天一次，连续 2~3 次。

8.4.3.4 裂果病与日灼病

8.4.3.4.1 合理灌水 全园覆盖黑色地膜，配备滴灌设施，每隔 10~15 天灌水 1 次，保持地表 20 cm 处的土壤水含水量在 18%~20%。果实成熟前停止灌水。

8.4.3.4.2 喷施钙肥 从枣果白熟期开始，每 15 天喷 1~2 次 300 mg/L 的氯化钙或 800~1 000 倍氨基酸钙肥，连续 1~2 次。

8.4.3.5.3 铺设遮阳网 6 月果实膨大期开始，铺设 50% 黑色遮阳网，减弱光照强度。每天 11:00~16:00 间拉盖遮阳网，阴天不盖遮阳网。

（本标准由宁夏银川市科学技术局、灵武市科技局、灵武市林业局提出。

本标准由宁夏林业局归口。

本标准主要起草单位：宁夏灵武市大泉林场、宁夏灵武长枣研究所

本标准参加起草单位：灵武市林业局

本标准起草人：唐文林、潘禄、张勤、李国民、赵树、伍梅霞、陈卫军、杨双、杨学鹏、杨秀芬、杨勇、官宗、李占文、唐自林、吴瑾、马林松、邓光娟、朱玉梅、赵迎春、王晓龙）

第五章　灵武长枣主要有害生物
防控技术规程

1　范围

本标准规定了灵武长枣主要有害生物种类、防控原则、防控措施和无公害灵武长枣卫生标准。

本标准适用于灵武长枣宁夏生产地区。其他枣生产区可参照执行。

2　规范性引用文件

下列文件中的条款通过本标准的引用而成为本标准的条款。凡是注日期的引用文件,其随后所有的修改单(不包括勘误的内容)或修订版均不适用于本标准,然而,鼓励根据本标准达成协议的各方研究是否可使用这些文件的最新版本。凡是不注日期的引用文件,其最新版本适用于本标准。

GB/T 5009.11　食品中总砷及无机砷的测定

GB/T 5009.18　食品中氟的测定

GB/T 5009.19　食品中六六六、滴滴涕残留量的测定

GB/T 5009.20　食品中有机磷农药残留量的测定

DB64/T 418　　灵武长枣栽培技术规程

3　主要有害生物种类

枣叶壁虱（*Epitrimerus zizyphagus* Keifer）、桃小食心虫（*Carposina niponensis*（Walsingham））、梨圆蚧（*Quodraspidiotus perniciosus*（Comstock））、枣瘿蚊（*Dasineura datifolia* Jiang）、枣大球蚧（*Eulecanium gigantea*（Shinji））、六星吉丁虫（*Agrilusmali* Matsumura）、枣尺蠖（酸枣尺蠖 *Chihuo sunzao* Yang；桑褐翅尺蠖 *Zamacra excavata* Dyar）、红缘天牛（*Asias halodendri* Pallas）、大青叶蝉（*Cicadella viridis*（Linnaeus））、红蜘蛛（苹果红蜘蛛 *Panonychus ulmi* Kocr；苜蓿红蜘蛛 *Bryobia praetiosa* Kocr；山楂红蜘蛛 *Tetranychus vienensis* Zachar）等。

4　防控原则

预防为主，科学防控，依法治理，促进健康，加强有害生物监测预报，以农业防治为基础，提倡物理防治和生物防治，按照有害生物的发生规律科学使用化学防治技术。严禁使用国家禁用的农药和未获准登记的农药。

5　防控措施

5.1　监测预警

建立灵武长枣主要有害生物监测防控体系。按照 667 hm² 设立 1 个固定监测点，严格按照果树病虫测报调查方法，定点、定时对发生情况进行调查，及时发布有害生物预报，指导生产防治。

5.2　检疫检查

枣苗、枣树和枣果生长季节定期进行产地检疫;调运时,进行调运检疫,防止国家级检疫性有害生物枣大球蚧和宁夏补充检疫性有害生物梨圆蚧蔓延。对已危害的苗木,在调运前抹除蚧壳,并用强渗透性苯氧威 100 倍药液浸泡苗木 1~5 分钟后方可调运。

5.3　农业防控

栽培管理措施按照 DB64/T 418 进行。坚持清洁果园,减少初侵染源;合理整形修剪,改善树体结构,增加果树的抗病力;合理施肥,提高果树的抗病能力;合理间作,控制共生有害生物发生;疏花疏果,合理负载,保持树势健壮。

5.4　物理防控

5.4.1　诱集烧杀

3 月初至 4 月中下旬,于树干距地面 30 cm 处绑 10 cm 宽的环状塑料薄膜带(或在树干上扎一层塑料裙带),并在塑料薄膜带下方绑一圈草绳,适时更换草绳,并将换下的草绳立即烧掉,阻止枣尺蠖雌蛾、黑绒金龟子、红蜘蛛等害虫上树,诱其产卵,集中杀灭。秋季在树干上绑草把,诱集越冬害虫在其中越冬。枣树落叶后取下草把,带出园外深埋或集中烧毁。

5.4.2　人工捕杀

4 月底至 5 月上旬,当尺蠖幼虫 1~2 龄时,震摇树枝,使其吐丝下垂,人工杀灭;6~7 月,人工捕捉红缘天牛、六星吉丁成虫。

5.4.3　循孔刺杀

根据害虫排泄物痕迹,查找红缘天牛等蛀干害虫活虫孔,以铁丝、细螺丝刀等刺杀幼虫。

5.4.4　阻融灭杀

对于上年枣瘿蚊、桃小食心虫危害较重的枣园,在6月上、中旬越冬成虫出土前,在树冠投影内或全园地表覆塑料薄膜,使越冬幼虫、茧和蛹窒息死亡。

5.4.5　树上抹杀

对大青叶蝉已产卵为害的幼树,用木棍碾轧受害枝干,杀灭虫卵;对介壳虫采用麻布、硬毛刷等工具抹杀越冬雌成虫。

5.4.6　灯光诱杀

在枣园,每1~3 hm²,悬挂1盏频振式杀虫灯或黑光灯,诱杀趋光性害虫。

5.5　生物防控

5.5.1　性诱剂诱捕

6月上旬,在枣园内每隔50 m布置1个桃小食心虫性信息素诱捕器,测报兼诱杀成虫。

5.5.2　天敌利用

保护利用草蛉、瓢虫、捕食螨等天敌控制叶螨、蚧壳虫等害虫。同时,注意保护和利用青蛙、蚂蚁、益鸟等天敌。

5.5.3　生物农药防控

6月下旬,用100亿孢子/毫升的真菌性农药白僵菌、绿僵菌,配成浓度为5亿孢子/毫升的菌液对地面、树体喷洒2次,间隔时间10天,防治桃小食心虫。

5.6　化学防控

5.6.1　枣树萌芽前,对树体喷洒3~5波美度石硫合剂,或在枣树萌芽初期,对树体喷洒0.5波美度石硫合剂,杀灭枣大球蚧、梨圆蚧、枣叶壁虱、叶螨等有害生物越冬虫态。

5.6.2　5月上旬,对树体喷洒5%吡虫啉1 500~2 000倍液,或

1.2%苦·烟乳油 800 倍液,防治枣尺蠖、枣瘿蚊、枣大球蚧、梨圆蚧;老枣园在萌芽后至开花前,用 5%顺势氰戊菊酯乳油 1 500 倍液+0.4%硫酸亚铁溶液+抗雷菌素 120 100~250 倍混合液对树体喷洒,防治枣尺蠖,预防枣树缺铁症等。

5.6.3　开花坐果期—果实膨大期

5.6.3.1　5 月下旬~6 月上旬,根据监测预报,对树体喷洒森得宝 1 500~2 000 倍液,或 1.2%苦·烟乳油 800~1 000 倍液,防治枣叶壁虱和枣瘿蚊。

5.6.3.2　6 月中旬,根据监测预报,在上年桃小食心虫发生严重的枣园,先用旋耕机将全园中耕后,用 50%辛硫磷乳油 200~300 倍液,在树盘下或全园内进行地面喷洒,并用钉耙仔细耙耱,使地面形成约 1 cm 厚的药土层,杀灭越冬桃小食心虫幼虫。

5.6.3.3　6 月下旬,枣大球蚧、梨圆蚧初龄若虫期,对树体喷洒 5%啶虫脒 1 000~1 500 倍液进行防治,杀灭初孵化的若虫等,同时还可兼治枣叶壁虱、枣瘿蚊、红蜘蛛等。

5.6.3.4　7 月上旬,对上年桃小食心虫虫果率较高的枣园,在成虫出现高峰后 7 天左右,给树体喷洒 1.2%苦·烟乳油 800~1 000 倍液,或 5%顺势氰戊菊酯乳油 1 500~2 000 倍液,或 2.5%三氯氟氰菊酯乳油 1 500~2 000 倍液。

5.6.3.5　7 月下旬~8 月上中旬,根据监测预报,对树体喷洒 1.2%苦·烟乳油 800~1 000 倍液,或 3%百菌清 800 倍液+森得宝 1 500 倍液+0.3%磷酸二氢钾+0.3%尿素混合液,防治枣叶壁虱,兼治枣瘿蚊、红蜘蛛等。

5.6.4　果实着色脆熟期

　　9 月中、下旬,根据虫情监测和天气预报,对幼龄枣园树体和行间杂草喷洒 1.2%苦·烟乳油 800~1 000 倍液或 2.5%三氯氟氰菊酯乳油 1 500~2 000 倍液,防治大青叶蝉。秋季多雨年份,在雨后对树体喷洒 2 次 300 mg/kg 氯化钙水溶液,防止裂果病发生。

5.7 农药选择

根据防治对象的生物学特性和危害特点,允许使用生物源农药、矿物源农药,有限制地使用低毒有机合成农药,禁止使用剧毒、高毒、高残留农药。

5.7.1 允许使用的农药

生物农药有苏云金杆菌制剂(BT 制剂)、拮抗菌制剂、鱼藤制剂、阿维菌素制剂、苦参碱制剂、烟碱制剂、浏阳霉素、多抗霉素、抗雷菌素 120、春雷霉素、农用链霉素等。

特异性农药有吡虫啉系列农药、灭幼脲和除虫脲等。

5.7.2 限制使用的农药

高效低毒低残留杀虫剂有马拉硫磷、辛硫磷、5%顺势氰戊菊酯乳油、2.5%三氯氟氰菊酯乳油、氯氰菊酯等。

高效低毒低残留杀菌剂有瑞毒霉、杀毒矾、普力克、百菌清、甲基托布津、多菌灵、粉锈宁等。

5.7.3 禁止使用的农药

包括六六六、滴滴涕、毒杀芬、二溴氯丙烷、杀虫脒、二溴乙烷、除草醚、艾氏剂、狄氏剂、汞制剂、砷、铅类、氟乙酰胺、甲胺磷、甲基对硫磷、对硫磷、久效磷、磷胺、甲拌磷、甲基异硫磷、特丁硫磷、甲基硫环磷、治螟磷、内吸磷、克百威、涕灭威、灭线磷、硫环磷、蝇毒磷、地虫硫磷、氯唑磷、苯线磷、三氯杀螨醇、氰戊菊酯等,具体参见《中华人民共和国农业部公告第 199 号》。

5.8 农药使用原则

5.8.1 加强有害生物的监测预报,做到有针对性地适时用药,未

达到防治指标不用药。

5.8.2 允许使用的农药,每种每年最多使用 2 次。最后一次施药距采收期间隔应在 20 天以上。

5.8.3 限制使用的农药,每种每年最多使用 1 次。施药距采收期间隔应在 30 天以上。

5.8.4 严禁使用禁止使用的农药和未核准登记的农药。

5.8.5 根据天敌发生特点,合理选择农药种类、使用时间和施用方法,保护天敌。

5.8.6 注意不同作用机理的农药交替使用和合理混用,以延缓病菌和害虫产生抗药性,提高防治效果。

5.8.7 严格按照要求浓度使用农药,施药力求全面均匀。

6 卫生标准

6.1 检测方法

6.1.1 总砷及无机砷的测定

按 GB/T 5009.11 规定执行。

6.1.2 氟的测定

按 GB/T 5009.18 规定执行。

6.1.3 六六六、滴滴涕残留量的测定

按 GB/T 5009.19 规定执行。

6.1.4 有机磷农药残留量的测定

按 GB/T 5009.20 规定执行。

6.2 卫生指标

无公害灵武长枣卫生指标应符合表 5-1 的规定。

附表 无公害灵武长枣卫生指标

项　目	指标(mg/kg)	项　目	指标(mg/kg)
砷(以 As 计)	≤0.50	乐果	≤1.0
汞(以 Hg 计)	≤0.01	杀螟硫磷	≤0.4
铅(以 Pb 计)	≤0.20	倍硫磷	≤0.05
铬(以 Cr 计)	≤0.50	辛硫磷	≤0.05
镉(以 Cd 计)	≤0.03	百菌清	≤1.0
氟(以 F 计)	≤0.50	多菌灵	≤0.5
铜(以 Cu 计)	≤10	氯氰菊酯	≤2.0
亚硝酸盐(以 $NaNO_2$ 计)	≤4	溴氰菊酯	≤0.1
硝酸盐(以 $NaNO_3$ 计)	≤400	氧戊菊酯	≤0.2
马拉硫磷	不得检出	三氟氯氰菊酯	≤0.2
对硫磷	不得检出	氯菊酯	≤2
甲胺磷	不得检出	抗蚜威	≤0.5
久效磷	不得检出	三唑酮	≤1
氧化乐果	不得检出	克菌丹	≤5
甲基对硫磷	不得检出	敌百虫	≤0.1
克百威	不得检出	除虫脲	≤1
水胺硫磷	≤0.02	氯氟氰菊酯	≤0.2
六六六	≤0.2	三唑锡	≤2
DDT	≤0.1	毒死蜱	≤1
敌敌畏	≤0.2	双甲脒	≤0.5

（本标准由宁夏科技厅、宁夏森防总站、银川市科技局、灵武市林业局提出。

本标准由宁夏林业局归口。

本标准主要起草单位:灵武市林木检疫站

本标准参加起草单位:灵武市农林科技开发中心、宁夏农林科学院

本标准起草人:李占文、魏天军、杨双、孙耀武、于洁、孙慧芳、伍梅霞、杨学荣、王素琴、王东菊、张爱萍、杨红娟、杨志萍、李立国、贾文军、陶立刚、马宝山、杨学鹏、唐文林)

第六章　果实质量规范

第一节　鲜灵武长枣

1　范围

本标准规定了鲜灵武长枣的术语和定义、质量要求、试验方法、检验规则、标志、包装、运输和贮存。

本标准适用于鲜灵武长枣收购和销售。

2　规范性引用文件

下列文件中的条款通过本标准的引用而成为本标准的条款。凡是注日期的引用文件，其随后所有的修改单（不包括勘误的内容）或修订版均不适用于本标准，然而，鼓励根据本标准达成协议的各方研究是否可使用这些文件的最新版本。凡是不注日期的引用文件，其最新版本适用于本标准。

GB/T 5009.3　食品中水分的测定

GB/T 5009.11　食品中总砷及无机砷的测定

GB/T 5009.18　食品中氟的测定

GB 5009.19　食品中六六六、滴滴涕残留量的测定

GB/T 5009.20　食品中有机磷农药残留量的测定

GB/T 6194　水果、蔬菜可溶性糖测定方法

GB 7718　预包装食品标签通则

GB/T 12293　水果蔬菜制品 可滴定酸度的测定

GB/T 12295　水果蔬菜制品 可溶性固形物含量的测定——折射仪法

GB/T 12392　蔬菜、水果及其制品中总抗坏血酸的测定方法

GB 14891.5　辐照新鲜水果、蔬菜类卫生标准

3　术语和定义

下列术语和定义适用于本标准。

3.1　洁净

果实表面无泥土、灰尘、虫粪、药物残留及其他外来物的污染。

3.2　缺陷

外界力量对果实造成创伤,如碰压伤、刺伤、虫病等。

3.3　碰压伤

果实因受碰撞、外界压力造成损伤,果皮未破,伤面有斑痕或轻微凹陷。

3.4　刺伤

果实采收时或采果后果皮被刺或划破、伤及果肉而造成的损伤。

3.5　虫伤

危害果实的金龟子、蚧壳虫、尺蠖等蛀食果皮和果肉的虫害。虫害面积的计算,应包括伤口周围的已木栓化部分。

3.6　可采成熟度

果面大部分转红或全部转红,质地变脆,汁液增多,果皮变

厚,果肉呈绿白色。

3.7　异味

果实吸收其他物质的不良气味或因变质而产生不正常的气味和滋味。

3.8　可食部分

指枣核以外的果肉部分。

3.9　不正常外来水分

指经雨淋或用水冲洗后表面受湿的果实。若果实从冷库或冷藏车内取出,允许因温度差异而带轻微的凝结水。

3.10　裂果

由于阴天降雨或水分不平衡造成的果皮破裂。

3.11　分级

按果实大小和其他质量指标将枣果实分为特等、一等和二等,未被归入以上等级的果实为等外果。

4　质量要求

4.1　感官指标

果实长柱形略扁,果皮紫红色,有光泽,充分成熟时果面有小黑斑,皮薄,果肉细脆、汁液中多、酸甜适口。

4.2　果实等级指标

鲜灵武长枣果实等级指标见表6–1。

4.3　理化指标

鲜灵武长枣果实理化指标应符合表6–2的规定。

4.4　卫生指标

鲜灵武长枣果实卫生指标应符合 GB 14891.5 中 3.4 的规定。

表6-1 鲜灵武长枣果实等级指标

项目		等级		
		特等	一等	二等
基本要求		果实完整均匀,新鲜洁净,无异味,无不正常外来水分,具有可采摘的成熟度		
果形		果形端正,具有本品种固有的特性	果形端正,具有本品种固有的特性	果形正常,具有该品种应有的特性,允许有轻微缺陷
果梗		有	有	允许部分无
色泽		果皮具有本品种成熟时应有的色泽,果面全红;果肉绿白色	果皮具有本品种成熟时应有的色泽,果面全红;果肉绿白色	果皮具有本品种成熟时应有色泽的85%以上;果肉绿白色
风味		肉脆、酸甜适口	肉脆、酸甜适口	肉脆、酸甜适口
单果重/g		>15	12~15	9~12
纵径/cm		>4.4	3.5~4.4	2.8~3.5
果面缺陷	1. 碰压伤	不允许	允许轻微的碰压伤1处,面积不超过0.1 cm²	允许轻微的碰压伤,总面积不超过0.2 cm²
	2. 刺伤	不允许	不允许	不允许
	3. 虫伤	不允许	不允许	允许有轻微已栓化的虫伤
	4. 裂果	不允许	不允许	允许轻微裂果
	5. 雹伤	不允许	不允许	允许轻微的雹伤,总面积不超过0.1 cm²
	6. 缺陷率	0	5%	10%
综合要求		允许有10%的一级果	允许有10%的二级果	允许有10%的等外果

表 6-2　鲜灵武长枣果实理化指标

项　目	指　标
可食率(以质量计)/%	≥90.0
水分(以质量计)/%	≥63.0
果肉硬度/kg/cm²	≥11.0
可溶性固形物/%	≥25.0
总糖(以蔗糖计)/%	≥23.0
总酸(以苹果酸计)/%	≥0.40
总抗坏血酸/mg/100g	≥628.0

5　试验方法

5.1　感官特性

将样品放于洁净的瓷盘中，在自然光下用肉眼观察样枣的形状、颜色、光泽，以及洁净、不正常的外来水分、成熟度等。

风味通过品尝鉴定。

5.2　质量等级

5.2.1　单果重用天平(感量 0.1 g)测定，果实纵径用游标卡尺测定。每件抽果数 30 个，计算平均单果重和果实纵径。

5.2.2　果面的自然和机械损伤用肉眼观察测定。

5.2.3　对果实外观有虫害症状或外观尚未发现异常而对果实内部有怀疑者，均应经抽样，切剖检验。

5.2.4　同一个果实上兼有两项或两项以上不同缺陷时，只记录对品质影响较重的一项。

5.2.5　检出的不合格果，以果重为基础，按式(1)计算百分率，精确到小数点后一位。各单项不合格百分率的总和，即为该批果实不合格果的总百分率。

$$A = \frac{m_1}{m_2} \times 100\% \quad\cdots\cdots\cdots\cdots\cdots\cdots\quad （1）$$

式中：

A——单项不合格果率,%;

m_1——单项不合格果质量,g;

m_2——检验总果质量,g。

5.3　理化指标

5.3.1　**可食率的测定**　称取具有代表性的样枣 200~250 g,逐个切开将枣肉与核分离,分别称重按式(2)计算:

$$B=\frac{m_1-m_2}{m_1}\times100\% \quad\cdots\cdots\cdots\cdots\cdots\cdots\cdots\quad(2)$$

式中:

B——可食率,%;

m_1——全果质量,g;

m_2——果核质量,g。

5.3.2　**果肉硬度的测定**

a)用 GY−1 硬度计测定。

b)测定方法:用不锈钢刀削去样枣(不少于 10 个)胴部中央阴阳两面一层薄薄的果皮,将硬度计测头(直径 3 mm)垂直对准测试部位,缓缓施加压力,使测头压入果肉 5 mm,从圆盘指示器处直接读数,即为果肉硬度,统一规定以 kg/cm^2 为单位。最后求其平均值,计算止小数点后一位。

5.3.3　**水分测定**　按 GB/T 5009.3 规定执行。

5.3.4　**总糖测定**　按 GB/T 6194 规定执行。

5.3.5　**总酸测定**　按 GB/T 12293 规定执行。

5.3.6　**可溶性固形物测定**　按 GB/T 12295 规定执行。

5.3.7　**维生素 C 测定**　按 GB/T 12392 规定执行。

5.4　卫生指标

5.4.1　**氟**　按 GB/T 5009.18 规定执行。

5.4.2　**砷**　按 GB/T 5009.11 规定执行。

5.4.3　有机磷农药　按 GB/T 5009.20 规定执行。

6　检验规则

6.1　检验分类

6.1.1　出厂检验　产品包装前应按本标准要求质量等级检验，按等级要求分别包装，并将合格证附于包装箱内。

6.1.2　型式检验　有下列情形之一者应进行型式检验：

　　a）每年摘果初期；

　　b）因人为或自然因素使生产环境产生较大变化。

6.1.3　交货验收　供需双方在交货现场，按交货量随机抽取不少于 1 kg 的样品，按本标准规定的质量等级进行分级。

6.2　组批

　　同一产地、同样等级、包装及贮存条件下存放的枣果为一批。

6.3　抽样方法

　　抽取样品时，应在同批货物的不同部位按 6.4 的要求进行抽样，每件抽取 500 g，放置于洁净的铺垫上，将全部样品充分混合，以四分法取样，待检。

6.4　抽样数量

　　抽样数量见表 6–3。

表 6–3　抽样数量

每批数量	抽样件数
100	每 100 件抽取 2 件，不足 100 件按 100 件计，但最终样本数量 ≥1 kg
101~600	以 100 件抽取 2 件为基数，每增加 100 件增抽 1 件
601~1200	以 600 件抽取 7 件为基数，每增加 200 件增抽 1 件
1200 以上	以 1200 件抽取 10 件为基数，每增加 300 件增抽 1 件

6.5 判定规则

6.5.1 检验结果　应符合相应等级的规定，当单果重、着色面积、果面缺陷出现不合格项时，允许降等或重新分级。

6.5.2 理化指标　有一项不合格时，允许加倍抽样复检，如仍有不合格项即判该批产品不合格。卫生指标中有一项不合格，即判该批产品为不合格产品。

7　标志、包装、运输和贮存

7.1　标志

产品标签应按 GB 7718 规定执行。

7.2　包装

7.2.1　外包装　包装材料要保证轻质牢固，不变形，无污染，对灵武长枣有一定的保护作用，通常采用纸箱和瓦楞纸箱。

7.2.2　内包装　包装材料要求清洁、无毒、无污染，具有一定的透气性，与灵武长枣接触不易产生摩擦伤。

7.3　运输和贮存

运输应采用冷藏车或冷藏集装箱，贮存时应采用冷藏或气调贮藏。

（本标准由宁夏农林科学院提出。

本标准由宁夏林业局归口。

本标准主要起草单位：宁夏农林科学院

本标准参加起草单位：灵武市林业局、灵武园艺试验场、宁夏林木种苗管理总站

本标准起草人：魏天军、喻菊芳、魏卫东、陈卫军、朱连成、周全良、雍文）

第二节　地理标志产品　灵武长枣

1　范围

本标准规定了地理标志产品灵武长枣的地域保护范围、术语和定义、要求、试验方法、检验规则、标志、包装、运输和贮存。

本标准适用于国家质量监督检验检疫行政主管部门根据《地理标志产品保护规定》批准保护的灵武长枣。

2　规范性引用文件

下列文件中的条款通过本标准的引用而成为本标准的条款。凡是注日期的引用文件,其随后所有的修改单(不包括勘误的内容)或修订版均不适用于本标准,然而,鼓励根据本标准达成协议的各方研究是否可使用这些文件的最新版本。凡是不注日期的引用文件,其最新版本适用于本标准。

GB 7718　预包装食品标签通则

GB 14891.5　辐照新鲜水果、蔬菜类卫生标准

NY/T 39　绿色食品　农药使用准则

NY/T 394　绿色食品　肥料使用准则

DB64/T 417　灵武长枣苗木繁育技术规程

DB64/T 418　灵武长枣栽培技术规程

DB64/T 419　鲜灵武长枣

国家质量监督检验检疫总局令(2005)第75号《定量包装计量监督管理办法》

3 地理标志保护范围

灵武长枣地理标志保护范围以国家质量监督检验检疫行政主管部门根据《地理标志产品保护规定》批准公告的保护范围为准,即宁夏灵武市现辖行政区域。

4 术语和定义

DB64/T 419 规定的术语和定义以及下列术语和定义适用于本标准。

4.1 灵武长枣

产自本标准地理标志保护范围内,符合本标准栽培管理、果实采收和质量要求的灵武长枣。

4.2 果实硬度

果实胴部单位面积去皮后所承受的压力。

4.3 等外果

达不到一等果的指标,但感官特色达到本标准要求的枣果。

4.4 可溶性固形物

果实汁液中所含能溶于水的糖类、有机酸、维生素、可溶性蛋白、色素和矿物质等。

5 要求

5.1 自然环境

本地域地处宁夏回族自治区中部,位于黄河东岸、银川平原与鄂尔多斯台地结合部,属中温带干旱气候区,降雨量少而集中,蒸发强烈、日照充足、昼夜温差大,形成相对独特的地理环境。

5.1.1 气温 年均气温 8.9℃,≥10℃年积温 3334.8℃,年均无霜期 155 天。

5.1.2 日照 年均日照时数 3 010.4 小时, 年均日照百分率 68%,年均太阳辐射总量 143 kcal/cm²。

5.1.3 降水 年均降水量 202.7 mm,多集中在 7~9 月,年均蒸发量 1 837.5 mm。

5.1.4 土壤 灵武长枣种植区成土母质为洪积冲积物引黄灌溉冲积沉淀,土类为灰钙土、风沙土、灌淤土。土壤质地为壤土、沙壤土、沙土或易耕荒地,偏沙、通透性和耕性较好。pH 值 7.5~8.5,地下水位 1.5 m 以下,土壤全盐含量低于 0.1‰,土壤有机质含量中等。

5.2 栽培管理

5.2.1 品种 选用宁夏灵武长枣优系。

5.2.2 育苗 按 DB64/T 417 规定执行。

5.2.3 建园 选择土层深厚、土壤肥沃,排灌、交通条件便利的地块。以地下水位 1.5 米以下、熟土层 30 cm 以上、pH 值 7.5~8.5 ,有机质含量较高的沙壤土或轻壤土为宜。

5.2.4 栽植 按 DB64/T 418 规定执行。栽植密度每公顷 495~1650株。

5.2.5 整形修剪 树形采用纺锤形、小冠形和开心形。冬剪适当疏枝,短截枣头,培养骨干枝;夏剪主要有抹芽、摘心、拿枝、拉枝等措施。

5.2.6 肥水管理 均衡施肥,前促后控。使用肥料、农药应符合 NY/T 393 和 NY/T 394 的规定。前期注意防旱,及时灌水;8 月上旬后控制灌水。

5.2.7 花果管理 调节树势,合理负载,提高果实品质。采取摘心、花期叶面喷赤霉素、旺长树花期环割、放蜂等措施提高坐果率。

6 果实采收

6.1 采收

达到可采成熟度后,在无雨天采收为宜。采摘时轻摘轻放,防止损伤。

6.2 果实等级

果实等级指标见表6-4。

表6-4 质量等级要求

项目	等级	
	特等	一等
果形	果形端正,具有本品种固有的特性	果形端正,具有本品种固有的特性
色泽	果皮具有本品种成熟时应有的色泽,果面着色度达到85%以上;果肉绿白色	果皮具有本品种成熟时应有的色泽,果面着色度达到85%以上;果肉绿白色
风味	肉脆、酸甜适口	肉脆、酸甜适口
单果重/g	>15	10~15
纵径/cm	>4.4	3.0~4.4
机械伤病虫害	无	无
综合要求	允许有10%的一级果	允许有10%的等外果

6.3 贮藏保鲜 按DB64/T 419规定执行。

6.4 感官特色 果实呈长(圆)柱形略扁,纵径大于等于2.8 cm,横径(宽面)大于等于2.0 cm,单果重大于等于9 g。梗洼深广,果肩平整。果皮紫红色,果点红褐色,不明显。果皮薄,果肉绿白

色,致密脆,汁液中多,酸甜适口。

6.5　理化指标

灵武长枣果实理化指标应符合表 6-5 的规定。

表 6-5　理化指标

项目	指标
可食率(以质量计)/%	≥90.0
水分(以质量计)/%	≥63.0
果肉硬度/kg/cm²	≥11.0
可溶性固形物/%	≥25.0
总糖(以蔗糖计)/%	≥23.0
总酸(以苹果酸计)/%	≥0.40
维生素 C/mg/100g	≥345.0

6.6　卫生指标

灵武长枣果实卫生指标应符合 GB 14891.5 中 3.4 的规定。

7　试验方法

7.1　感官指标

7.1.1　感官指标　用感官检验。

7.1.2　果实风味、口感　具有本品种应有的风味与口感。

7.2　质量等级

按 DB64/T 419 规定执行。

7.3　理化指标

按 DB64/T 419 规定执行,但维生素 C 测定按 GB/T 6195 规定执行。

7.4　卫生指标

按 DB64/T 419 规定执行。

8　检验规则

按 DB64/T 419 规定执行。

9　标志、包装、运输和贮存

9.1　标志

产品标签应按 GB 7718 规定执行。

9.2　包装、运输和贮存

9.2.1　内包装　用符合食品卫生要求的材料，与灵武长枣接触不易产生摩擦伤。包装定量误差应符合国家质量技术监督检验总局令（2005）第 75 号。

9.2.2　外包装　用纸箱装，每箱总重量不得少于总净重。

9.3　运输

应采用冷藏车或冷藏集装箱运输，不得与有毒有害及有异味的物品一起运输。搬运时应轻拿轻放，不得抛摔。

9.4　贮存

贮存时应采用冷藏或气调贮藏。不得与有毒有害及有异味的物品共同存放。产品堆放应离地面 20 cm 以上，离墙 10 cm 以上。

（本标准依据《地理标志产品保护规定》及 GB 17924《原产地域产品通用要求》制定。

本标准由宁夏质量技术监督局提出。

本标准由宁夏林业局归口。

本标准起草单位：灵武市林业局、宁夏农林科学院、灵武园艺试验场、灵武市质量技术监督局

本标准起草人：陈卫军、魏天军、王红玲、雍文、马洪军、朱连成、魏卫东、张勤、张宏霞、陈海冰、武金荣）

第三节 同心圆枣

1 范围

本标准规定了同心圆枣的质量要求、试验方法、检验规则、标志、包装、运输和贮存。

本标准适用于同心圆枣鲜枣、干枣的收购和销售。

2 规范性引用文件

下列文件中的条款通过本标准的引用而成为本标准的条款。凡是注日期的引用文件，其随后所有的修改单（不包括勘误的内容）或修订版均不适用于本标准，然而，鼓励根据本标准达成协议的各方研究是否可使用这些文件的最新版本。凡是不注日期的引用文件，其最新版本适用于本标准。

GB/T 5009.3 食品中水分的测定

GB/T 5009.8 食品中蔗糖的测定

GB/T 5009.11 食品中总砷及无机砷的测定

GB/T 5009.12 食品中铅的测定

GB/T 5009.15 食品中镉的测定

GB/T 5009.86 水果、蔬菜及其制品中总抗坏血酸的测定

GB 7718 预包装食品标签通则

GB/T 12293 水果、蔬菜制品可滴定酸度的测定

GB/T 12295　水果、蔬菜制品可溶性固形物含量的测定——折射仪法

NY/T 761　蔬菜和水果中有机磷、有机氯、拟除虫菊酯和氨基甲酸酯类农药多残留检测方法

NY 5112　无公害食品 落叶核果类果品

国家质量监督检验检疫总局令（2005）第 75 号《定量包装商品计量监督管理办法》

3　质量要求

3.1　感官指标

果实形状呈卵圆形，顶部小、基部大，制蜜枣、鲜食、制干均可，尤以制干品质风味极佳。脆熟期皮薄色鲜，果肉脆、味甜，品质上。制干后果肉弹性好，褶皱浅。

3.2　果实等级指标

3.2.1　鲜果等级指标　鲜果等级指标应符合表 6–6 的规定。

3.2.2　干果等级指标　干果等级指标应符合表 6–7 的规定。

3.3　理化指标

3.3.1　鲜果理化指标　鲜果理化指标应符合表 6–8 的规定。

3.3.2　干果理化指标　干果理化指标应符合表 6–9 的规定。

3.4　卫生指标

卫生指标应符合表 6–10 中的规定。

表 6-6 鲜果等级指标

项目		指 标		
		特等	一等	二等
基本要求		果实完整均匀,新鲜洁净,无异味,无不正常外来水分,具有各成熟期可采摘的成熟度,可食率大于 94%		
果形		果形端正,具有本品种固有的特性	果形端正,具有本品种固有的特性	果形端正,具有本品种固有的特性,允许有轻微缺陷
色泽		果皮具有本品种成熟时应有的色泽,果面全红;果肉绿白色	果皮具有本品种成熟时应有的色泽,果面全红;果肉绿白色	果皮具有本品种成熟时应有色泽的 85% 以上;果肉绿白色
风味		质疏松,味甘甜	质疏松,味甘甜	质疏松,味甘甜
横径(cm)		>3.1	2.8~3.1	2.3~2.8
果面缺陷	碰压伤	不允许	允许轻微的碰压伤 1 处,面积不超过 0.1 cm²	允许轻微的碰压伤 1 处,面积不超过 0.2 cm²
	刺伤	不允许	不允许	不允许
	裂果	不允许	不允许	允许轻微裂果
	雹伤	不允许	不允许	允许轻微的雹伤,面积不超过 0.1 cm²
	虫害	不允许	不允许	允许有轻微已栓化的虫伤
	畸形缩果	不允许	≤5%	≤10%
	缺陷率	0	5%	10%
综合要求		允许有 10%的一级果	允许有 10%的二级果	允许有 10%的等外果

表 6-7　干果等级指标

项目	指　　标		
	特等	一等	二等
基本要求	具有本品种应有的等征,果形饱满,个头均匀,肉质肥厚有弹性,身干,手握不粘个,无霉烂,无浆果,无杂质		
个头	每千克枣果不超过95粒	每千克枣果不超过105粒	每千克枣果不超过150粒
色泽	紫红色		
损伤或缺陷	无干条、无虫果、无皱缩果、无浆头,油头、破头两项不超过5%	干条和皱缩果两项不超过5%,虫果和浆头两项不超过2%,油头、破头两项不超过5%	干条和皱缩果两项不超过8%,虫果和浆头两项不超过5%,油头、破头两项不超过10%
含水率	含水率不超过25%		

表 6-8　鲜果理化指标

项目	指标
可食率(g/100g)	≥94
果肉硬度(kg/cm²)	≥16.5
水分(g/100g)	≥68
可溶性固形物(g/100g)	≥25
总糖(以蔗糖计,g/100g)	≥21
总酸(以苹果酸计,g/100g)	≥0.4
抗坏血酸(mg/100g)	≥365

表 6-9　干果理化指标

项目	指标
水分(g/100g)	≤25
总糖(以蔗糖计,g/100g)	≥50
总酸(以苹果酸计,g/100g)	≥0.8
抗坏血酸(mg/100g)	≥20

表 6-10 卫生指标

项目	指标(mg/kg)
敌敌畏	≤0.2
毒死蜱	≤1
溴氰菊酯	≤0.1
三氟氯氰菊酯	≤0.2
氯氰菊酯	≤2
乐果	≤1
氰戊菊酯	≤0.2
百菌清	≤1
砷	≤0.5
铅	≤0.2
镉	≤0.03

4 检验方法

4.1 感官检测

将样品放于洁净的瓷盘中，在自然光下用肉眼观察样枣的形状、颜色、光泽。

风味品质通过品尝鉴定。

4.2 质量等级检测

4.2.1 鲜果横径 用游标卡尺测定。抽检的样品中随机抽果 50个,计算平均横径(精确到小数后一位)。

4.2.2 果面的自然和机械损伤及洁净、不正常的外来水分、成熟度、虫果、皱缩果、干条、浆头、油头、破头、霉烂用肉眼观察。

4.2.3 对果实外观有虫害症状或外观尚未发现异常而对果实内部有怀疑者,均应抽样,切剖检验。

4.2.4 同一个果实上兼有两项或两项以上不同缺陷时,只记录对品质影响较重的一项。

4.2.5 检出的不合格果,以抽样果重为基础,按公式(1)计算百分率,精确到小数后一位,即为该批果实不合格的百分率。

$$A=\frac{m_1}{m_2}\times100\% \cdots\cdots\cdots\cdots\cdots\cdots\cdots\cdots （1）$$

公式(1)中:

A——单项不合格率,%;

m_1——单项不合格果重,g;

m_2——检验总果重,g。

4.3 理化指标检测

4.3.1 可食率 在抽检样品中随机抽取样枣 20 个并称重,逐个切开将枣肉、核分离,分别称重按公式(2)计算:

$$B=\frac{n_1-n_2}{n_1}\times100\% \cdots\cdots\cdots\cdots\cdots\cdots\cdots （2）$$

公式(2)中:

B——可食率,%;

n_1——样枣果总重,g;

n_2——样枣果核总重,g。

4.3.2 果肉硬度 用 GY-1 硬度计测定。在抽检样品中随机抽取样枣 20 个,分别测定硬度后求平均值,计算结果精确到小数后一位。

4.3.3 水分测定 按 GB/T 5009.3 规定执行。

4.3.4 可溶性固形物测定 按 GB/T 12295 规定执行。

4.3.5 总糖测定 按 GB/T 5009.8 规定执行。

4.3.6 总酸测定 按 GB/T 12293 规定执行。

4.3.7 抗坏血酸测定 按 GB/T 5009.86 规定执行。

4.4 卫生指标

4.4.1 砷测定 按 GB/T5009.11 规定执行。

4.4.2 铅测定　按 GB/T 5009.12 规定执行。

4.4.3 镉测定　按 GB/T 5009.15 规定执行。

4.4.4 敌敌畏、毒死蜱、溴氰菊酯、三氟氯氰菊酯、氯氰菊酯、乐果、氰戊菊酯、百菌清测定　按 NY/T 761 规定执行。

5　检验规则

5.1　组批

同一批交售、调运、销售的同等级枣果作为一个组批。

5.2　抽样规则

每批按批量大小抽不同的件数,每件抽 500 g,放在干净的铺垫上,将全部样品充分混合,以四分法取样,待检。样品的检验结果适用于整个抽验批。

抽取样品按表 6-11 规定执行。

表 6-11　抽样数量

每批数量(件)	抽样件数
100	每 100 件抽取 5 件,不足 100 件按 100 件计,但最终样品数量≥1 kg
101~500	以 100 件抽取 5 件为基数,每增加 100 件增抽 1 件
501~1000	以 500 件抽取 9 件为基数,每增加 200 件增抽 1 件,不足 200 件按 200 件计
1001 以上	以 1000 件抽取 12 件为基数,每增加 300 件增抽 1 件

5.3　判定规则

5.3.1 感官指标和质量等级　经检验符合标定等级规定品质条件的枣果,可按其实际品质定级验收。当不合格果率超标时,允许降等。如交售或调出单位不同意变更等级时,可进行加工整理或重新分级后再重新抽样检验一次,以复检结果为准。

5.3.2 理化指标　有一项不合格时,在原批产品中允许加倍抽样,对不合格项复检,如仍有不合格项即判该批产品不合格。

5.3.3 卫生指标 有一项不合格,即判该批产品为不合格产品。

6 标志、包装和贮存

6.1 标志

产品标签应按 GB 7718 规定执行。

6.2 包装

干、鲜枣包装用纸箱包装或根据协议进行包装。包装材料要求无污染,无毒性,无异味,具有一定的透气性。

净重不能少于国家质量监督检验检疫总局令(2005)第 75 号中的规定。

6.3 贮存

鲜果的贮存采用低温贮藏。

干果的贮存采用常温贮藏,要求干燥、通风、无污染。

附录 A 术语和定义

(资料性附录)

序号	术 语	定 义
1	洁净	果实表面无泥土、灰尘、虫粪及分泌物、药物残留及其他外来污染
2	缺陷	畸形缩果、裂果,外界力量对果实造成创伤和危害,如碰压伤、刺伤、冰雹损伤、虫病等
3	畸形缩果	枣果顶端出现萎蔫干缩的果实
4	裂果	在果实成熟期遇到连阴雨而出现果皮开裂的现象
5	碰压伤	果实因受碰撞、挤压对果实造成损伤,果皮未破,伤面有斑痕或轻微凹陷
6	刺伤	果实采收时或采果后果皮被刺或被划破、伤及果肉而造成的损伤

续表

序号	术 语	定 义
7	冰雹损伤	果实在生长期遇到雹灾损伤,后经过一段时间的生长逾合形成干疤
8	虫伤	蚧壳虫、红蜘蛛等吸食果皮发生危害,虫害的面积计算,应包括伤口周围的已木栓化部分
9	异味	果实吸收其他物质的不良气味或因变质而产生不正常气味和滋味
10	可食部分	指枣核以外的果肉部分
11	不正常外来水分	指经雨淋或用水冲洗后表面受湿的果实
12	白熟期	果实膨大生长结束后,转入果实成熟生长,果面由绿转白,果肉呈绿白色。主要用于制蜜枣
13	脆熟期	在果实成熟期,果面大部分转红或全部转红,质地变脆,汁液增多,果肉呈绿白色。主要用于鲜食
14	完熟期	果面全面变紫红色,质地变软、变柔,糖分增多,汁液减少,果肉呈黄褐色。主要用于制干
15	分级	按果实大小和其他质量指标将枣果分为特等、一等和二等,未被归入以上等级的果实为等外果
16	红枣	由充分成熟的鲜枣,经晾干、晒干或烘烤干制而成。果皮红至紫红色
17	品种特征	果实形状、个头大小、色泽淡淡、果皮厚薄、皱纹深浅、果肉和果核的比例以及肉质风味等
18	个头均匀	同一批枣果的个头大小基本上一致称为均匀,检验时以单果重之间相差不超过平均果重±15%为掌握幅度
19	肉质肥厚	可食部分达到94%以上者为肉质肥厚
20	身干	指枣果肉的干燥程度,与枣果的含水率密切相关,枣果肉含水率不超过25%者可认为身干
21	杂质	枣果中的杂质主要是在晾晒过程中混入的沙土、石粒、枝梗、碎叶、金属物及其他外来的各种夹杂物质
22	无霉烂	指枣果没有酵母菌、霉菌等微生物寄生的痕迹以及霉味、腐味等
23	浆头	指枣果在生长期或制干过程中因受雨水影响,枣的两头或局部未达到适当干燥,含水率高,色泽发暗,称浆头

续表

序号	术 语	定 义
24	破头	由于生长期间自然裂果或机械挤压,而造成枣果皮出现长达果长 1/10 以上的破口,凡破口不变色、不霉烂者称破头
25	油头	由于在干制过程中翻动不匀,枣上有的部分受热过高,引起多酚类物质氧化,使外皮变黑,肉色加深
26	干条	指由混杂在鲜枣中的不成熟果实干燥而成,色泽黄暗,质地坚硬,没有食用价值
27	虫果	俗称虫眼,系桃小食心虫为害的果实,在枣果的顶部或胴部有一个直径 1~2 mm 的羽化虫口,在果核外围存有大量沙粒状的虫粪,味苦,不适于食用

（本标准 A 为资料性附录

本标准由宁夏回族自治区林业局提出和归口。

本标准主要起草单位:宁夏同心县林业局

本标准参加起草单位:宁夏回族自治区林木种苗管理总站

本标准主要起草人:马廷贵、吴秀红、周全良、杨汉国、金春香、杨玲、周丽荣、杨卫东、朱晓风、何鹏力、周浩蕊、郭海燕）

第四节　中宁圆枣

1　范围

本标准规定了中宁圆枣的质量要求,检验方法,检验规则,标签、包装、运输和储藏。

本标准适用于收购、调拨和销售的中宁圆枣鲜枣、干枣。

2　规范性引用文件

下列文件中的条款通过本标准的引用而成为本标准的条

款。凡是注日期的引用文件,其随后所有的修改单(不包括勘误的内容)或修订版均不适用于本标准,然而,鼓励根据本标准达成协议的各方研究是否可使用这些文件的最新版本。凡是不注日期的引用文件,其最新版本适用于本标准。

　　GB 5835　红枣

　　GB 7718　预包装食品标签通则

　　GB/T 4789.4　食品微生物学检验　沙门氏菌检验

　　GB/T 4789.10　食品微生物学检验　金黄色葡萄球菌检验

　　GB/T 5009.3　食品中水分的测定方法

　　GB/T 5009.5　食品中蛋白质的测定方法

　　GB/T 5009.6　食品中脂肪的测定方法

　　GB/T 5009.9　食品中淀粉的测定方法

　　GB/T 5009.11　食品中总砷及无机砷的测定

　　GB/T 5009.12　食品中铅的测定

　　GB/T 5009.13　食品中铜的测定

　　GB/T 5009.20　食品中有机磷农药残留量的测定方法

　　GB/T 5009.86　蔬菜、水果及其制品中总抗坏血酸的测定

　　GB/T 12295　水果、蔬菜制品　可溶性固形物含量的测定

　　GB/T 12456　食品中总酸的测定方法

　　GB/T 16285　食品中葡萄糖的测定方法

　　NY 5252　无公害食品 冬枣

　　DB64/T 419-2005　鲜灵武长枣

　　国家质量监督检验检疫总局[2005]第 75 号令《定量包装商品计量监督管理办法》

3 术语和定义

本标准采用下列术语和定义。

3.1 中宁圆枣

宁夏地方主栽品种,树势中庸,结果早,丰产稳产,果实皮薄、色泽鲜红、质脆肉嫩,核小,汁多味甜,酸甜适口,品质上乘。

3.2 中宁圆枣可鲜食兼制干。

3.2.1 鲜枣　脆熟期采摘的果实。

3.2.2 干枣　完熟期采收的果实经制干的产品。

3.3 外观

整批中宁圆枣的颜色、光泽、颗粒均匀,整齐度和洁净度。

3.4 无使用价值果

凡病虫果、浆烂果、霉变果均为无使用价值果。

3.4.1 虫果　系桃小食心虫为害的果实。

3.4.2 浆烂果　在脆熟期或制干过程中因受雨水影响或外界损伤,致使伤口霉烂变质的果实。

3.4.3 霉烂果　在储藏过程中发生霉烂的果实。

4 质量要求

4.1 感官指标

大小均匀,果形端正,完整良好,新鲜洁净,果肉肥厚、细嫩,酸甜适口,果实充分发育,达到市场、贮存或运输要求的成熟度。无浆烂,色泽鲜亮,无不正常外来水分,无机械损伤,无异味。

4.2 理化指标

4.2.1 鲜枣的理化指标　应符合表 6-12 的规定。

表 6-12　鲜枣理化指标

项　目	指　标
硬度(N/cm^2)	≥92.1
可溶性固形物(g/100g)	≥26.5
总糖(以葡萄糖计,g/100g)	≥23.7
总酸(g/100g)	≥0.35
总抗坏血酸(mg/100g)	≥252.0

4.2.2　干枣的理化指标　应符合表 6-13 的规定。

表 6-13　干枣理化指标

项　目	指　标
水分(g/100g)	≤26.5
总糖(以葡萄糖计,g/100g)	≥56.5
总酸(g/100g)	≥0.45
蛋白质(g/100g)	≥2.5
淀粉(g/100g)	≥1.7
脂肪(g/100g)	≥0.45

4.3　卫生指标

应符合表 6-14 的规定。

表 6-14　卫生指标

项　目	指　标
砷(以 As 计，mg/kg)	≤0.5
铅(以 Pb 计，mg/kg)	≤0.2
铜(以 Cu 计，mg/kg)	≤0.03
马拉硫磷(mg/kg)	不得检出
对硫磷(mg/kg)	不得检出
致病菌(指沙门氏菌、金黄色葡萄球菌)	不得检出

5　检验方法

5.1　感官检验

按 GB 5835-1986 执行。

5.2 水分的测定

按 GB/T 5009.3 减压干燥法或蒸馏法规定执行。

5.3 总糖的测定

按 GB/T 16285 的测定方法执行。

5.4 总酸的测定

按 GB/T 12456 的规定方法执行。

5.5 总抗坏血酸的测定

按 GB/T 5009.86 的测定方法执行。

5.6 可溶性固形物的测定

按 GB/T 12295 的测定方法执行。

5.7 蛋白质的测定

按 GB/T 5009.5 的测定方法执行。

5.8 脂肪的测定

按 GB/T 5009.6 的测定方法执行。

5.9 淀粉的测定

按 GB/T 5009.9 的测定方法执行。

5.10 砷的测定

按 GB/T 5009.11 的测定方法执行。

5.11 铅的测定

按 GB/T 5009.12 的测定方法执行。

5.12 铜的测定

按 GB/T 5009.13 的测定方法执行。

5.13 马拉硫磷、对硫磷的测定

按 GB/T 5009.20 的测定方法执行。

5.14 致病菌的测定

按 GB/T 4789.4、GB/T 4789.10 的测定方法执行。

6 检验规则

6.1 组批

同一批收购、调运、销售的鲜枣或干枣作为一批产品。

6.2 抽样

从同批产品中随机抽取 1/1000 kg，每批不得少于 4 kg 的样品，分别做感官、理化、卫生检验，留样。

6.3 检验分类

6.3.1 出厂检验 每批产品在收购、调拨、销售前，生产单位需进行出厂检验，检验内容包括：感官指标、标志要求，附合格证，标明等级，方可出厂。

6.3.2 型式检验 型式检验每年进行一次，在下列情况之一应随时进行：

　　a)当发生自然灾害、病变，可能影响产品质量时；

　　b)出厂检验结果与上次型式检验有较大差异时；

　　c)当质量技术监督部门提出要求时。

6.4 判定规则

6.4.1 感官指标 对不合格样品进行加倍抽样，以复检结果判定。

6.4.2 理化指标 有一项不合格，加倍抽样判定。

6.4.3 卫生指标 有一项不合格，即判定该样品不合格，且不得复检。

7 标签、包装、运输与储藏

7.1 标签

预包装产品的标签应符合 GB 7718 的规定。

7.2 包装

7.2.1 包装物 应用清洁、无毒、无害符合国家食品卫生要求的包装材料。

7.2.2 预包装产品净含量 允差应符合国家质量监督检验检疫总局［2005］第 75 号令《定量包装商品计量监督管理办法》的规定要求。

7.3 运输与储藏

7.3.1 按等级包装堆存

7.3.2 在存放和运输过程中,严禁雨淋,注意防潮。

7.3.3 储存库房消毒,严禁与其他物品混合存放。

7.3.4 入库后加强防蝇、防鼠措施。

（本标准主要参考 GB 5835 NY 5252 和 DB64/T 419-2005 标准而制定。

本标准按照 GB/T1.1-2000《标准化工作导则 第 1 部分:标准的结构和编写规则》和 GB/T1.2-2002《标准化工作导则 第 2 部分:标准中规范性技术要素内容的确定方法》编写。

本标准由中宁县质量技术监督局提出。

本标准由中宁县林业局归口。

本标准起草单位:中宁县林业局、中宁县果品协会

本标准起草人:魏志坚、高长玲、马英瀚、杨晓冬、祁伟、史生宝、宋淑英、马艳）

第七章　枣果贮藏技术规范

第一节　鲜枣贮藏保鲜配套技术规范

1　引言

　　枣树（*Zizyphus jujuba* Mill.）是我国的一种特产果树。枣果不仅含有丰富的糖、维生素 D、B 族维生素和铁、磷、钙、锌等矿物质元素，以及少量的蛋白质、氨基酸和脂肪，而且还含有丰富的维生素 C 和较多的环磷酸腺苷和环磷酸鸟苷，是一种药食同源的果品，长期以来深受人们的喜爱。近十多年来，以梨枣和冬枣为代表的鲜食枣在市场上受到了人们的青睐。红枣产业是宁夏回族自治区党委和政府确立发展的一个新兴特色优势农业产业，规划到 2012 年栽培面积扩大到 9.33 万公顷。与全国 700 多个枣品种相比，原产于宁夏灵武市的灵武长枣和中宁县的中宁圆枣，也具有"在常温下自然放置 3~5 天，失去鲜脆状态，逐渐长霉、腐烂、变质，最终失去商品价值"的采后生理和病理特性。据魏天军调查，灵武长枣和中宁圆枣采后贮藏期，病烂果率常达 20%~30%，甚至高达 30%~50%，每年因发霉腐烂造成的直接经济损失就达上千万元，更不用说贮藏中因失水软化，质量下降带来的价格下跌等间接损失。2003 年以来，在宁夏科技厅和财政厅的大力支持下，宁夏农科院原农产品贮藏加工研究所对灵武长枣和中宁圆枣采前和采后影响贮藏保鲜的相关问题进行了深入研究,形成了低温贮藏保鲜配套技术体系。

2　技术工艺流程

田间管理 → 采摘 → 挑选分级 → 运输、库房准备 → 保鲜剂浸泡 → 预冷 → 装袋 → 放气调剂 → 扎口 → 低温高湿贮藏 → 熏蒸消毒 → 通风换气 → 抽样检查 → 分批出库 → 包装销售

3　贮藏保鲜配套技术

3.1　田间管理

3.1.1　品种/系　枣树品种是决定果实采后贮藏保鲜期长短的一个重要因素。目前,灵武长枣和中宁圆枣在没有优质晚熟品系的情况下,同一株树上后期成熟的果实或同一个品种 9 月底~10月上旬成熟的果,有利于中期贮藏保鲜。

3.1.2　栽培技术　枣树的栽培技术是影响果实采后贮运和保鲜的一个极其重要的环节。与采后贮藏保鲜关系最密切的技术主要有:(1)合理整形修剪,提高叶片光合效能,增加果实糖度;(2)平衡施肥,包括有机肥用量,化学肥料如氮、磷、钾、钙、锌、硼、铁等大量、中量和微量元素合理搭配,提倡多施有机肥,严禁超量施用氮肥;(3)采前 15 天,保证枣园土壤含水量适宜,防止采前枣果失水和萎蔫,造成提前软化;(4)树体合理负载,培养中庸健壮的树势,保证生产出的果实具有本品种的典型特征,少有过大果和过小果;(5)无公害、绿色化防治枣叶壁虱、桃小食心虫、枣瘿蚊、红蜘蛛、枣尺蠖和枣黏虫等害虫,以提高树势,积累营养,改善果实品质。

3.1.3 采前喷施钙制剂或钾肥 在宁夏，枣树多种植在灰钙土或淡灰钙土壤上，土壤中的钙主要以难溶解利用的碳酸钙形式存在，交换性钙占全钙的比例非常低。因此，在幼果生长发育期，叶面喷布一些含钙的微肥，以及在采前 45 天之内，喷施 2 次 0.3%~0.5%的氯化钙或硝酸钙；钾肥使用量少的枣园，采前可叶面喷布 0.3%的磷酸二氢钾等叶面钾肥。这些技术能有效降低采后果实的常温贮运和低温贮藏期病害发生率，提高果实维生素 C 含量、硬度和硬脆果率。

3.2 采收技术

3.2.1 采收成熟度 灵武长枣和中宁圆枣采前果实着色度是影响采后贮藏保鲜期长短的一个重要指标。鲜枣贮藏保鲜期和适宜的采收着色成熟度之间的关系列表如下。

表 7-1 枣果贮藏保鲜期和采收着色度的关系

贮藏目的	贮藏保鲜期	着色成熟度
短期贮藏保鲜	≤1 个月	近全红~全红果
中期贮藏保鲜	≤2 个月	半红~大半红果
长期贮藏	3~4 个月	大半红以上的果

3.2.2 采收要求 在晴天气温较低时，戴薄线棉手套，细致地、带果梗、逐个采摘。在采摘中，要轻拿轻放，避免枣树针刺刺伤果面、挤压和碰伤。临时存放，必须放在树下、屋内等阴凉处。不宜在雨天、有雾和果面潮湿时采收。采前 15 天内连续降雨或出现持续干热风天气的年份，采摘的枣果不宜作中长期贮藏保鲜。

3.2.3 采收容器 采摘容器内壁要光洁、柔软，容量不超过 10 kg。适宜的容器有纸箱、塑料周转箱和泡沫保温箱。

3.2.4 分级 在田间或室内，根据果实的采收着色成熟度、果个大小进行挑选和分级。

3.3 运输、库房准备

3.3.1 运输 当天采摘、分级后放在树荫下的果实,要当天用车慢速运回,严禁途中开快车造成枣果相互碰撞,产生内伤。

3.3.2 库房准备 枣果入库前,应对库房、纸箱和塑料周转箱等进行杀菌消毒,消毒剂应选用冷库专用消毒剂等使用安全的无公害药剂。冷库使用前,要对所有设备进行一次全面的检修,确保各种设备正常运转。枣果入库前,提前1~2天将冷库的温度降到0℃左右。

3.4 保鲜剂浸泡和预干燥

3.4.1 保鲜剂浸泡 正常采收的枣果,浸泡时,按宁夏农科院生产的"枣果专用保鲜剂"的使用说明书,稀释10倍或其他倍数,浸果1分钟。较少带果梗且有轻微伤的一批枣果,浸泡时原液稀释倍数可稍微减小。在使用保鲜剂时应注意两点:(1)严禁用保鲜剂浸泡刺伤、碰伤、挤压伤、杆打和摇树震落下来机械伤害较多的果实;(2)对计划保鲜期在1个月内且手工采摘、带梗的果,可以不用保鲜剂处理。

3.4.2 预干燥 为防止用保鲜剂浸泡枣果后,直接装袋或装箱进入冷库预冷,而导致长时间枣果表面的水分不能散去,致使枣果实内部组织间的水分损失,造成枣果贮藏后软化加快的弊端,从保鲜液中捞出的枣果,最好采取以下3种技术措施进行预干燥:(1)专用干燥机 对贮藏量大的农户、红枣合作经济组织和中小型企业公司,可采用宁夏农科院加工研究所研制的"枣果气流干燥机"进行预干燥。该机械的动力是2.2 kW、三相电,每小时约干燥500 kg枣果。(2)枸杞果栈 对贮藏量小的农户,可采用晾晒枸杞的果栈进行预干燥。具体做法是:在下午至傍晚,在阴凉通风的室外,将控干了保鲜液的枣果摊放在果栈上,摊放厚度以 5~8 cm 为宜,不可过厚影响通风干燥。随后将摊满枣果的果栈一个一个地码落起来,但果栈 4 个拐角和中间须用砖、木撑垫。此外,也可将果栈放在冷库中直接进行干燥预冷。(3)塑料周转箱 如果有充足的塑料周转箱,可将枣果从保鲜液中捞出后放入其中,每个周转箱的装量不超过 5 kg,最后把周转箱(底部用砖块、木料等垫起 10~20 cm 高)放在阴凉通风处预干燥 8~10 小时。

3.5 预冷和入库

3.5.1 专用预冷库 有专用预冷库或 2 个以上的微型冷库时,可将预冷库的温度设定在 0℃ ~ –1℃,预冷 24~48 小时。最后以用手摸枣时,其表面干爽为度。

3.5.2 冷藏库预冷 在没有专用预冷库的情况下,可使冷库的温度(冷库中央中间位置处)恒定在–1℃,但最低不能低于–1.5℃。预冷时,必须将纸箱和保鲜袋的口全部、最大限度地打开。预冷 24~48 小时,最后根据手摸来确定是否预冷到位。

3.5.3 预冷量 专用预冷库的一次预冷量控制在 30%~40%,冷藏库的一次预冷量控制在 15%~20%。

3.6 装袋和放气调剂

3.6.1 保鲜袋及装量 目前,贮藏保鲜枣果效果较好的保鲜袋有两种,第一种是微孔保鲜袋,第二种是纳米保鲜袋(以双层 0.03~0.035 mm 厚效果好)。预冷到位后的枣果要及时装袋,每袋装枣不超过 5 kg。在装枣果时,可在枣果的下部、中部和上部各放入 1 小袋宁夏农科院加工所生产的“枣果保鲜气体调节剂”。如果枣果直接装在保鲜袋中预冷,则仅在枣果中部和上部各放入 2~3 袋气调剂。

3.6.2 扎口 在冷库空气相对湿度大于 90%时,可采用将袋口缩住的方法封袋口;如果冷库的空气相对湿度小于 90%,则用细绳将袋口扎住。

3.7 码垛

3.7.1 基本要求 在冷库中,码垛时必须坚持"垛与垛之间,箱与箱之间留出通风道"的原则。具体要求是:箱距离地面 8~10 cm,距离墙 20 cm,距离库顶 50 cm(不能超过冷风机的高度),垛间距 20 cm。库容积小于 90 立方米时,冷库内要留一条宽 50~60 cm 的人行通道;库容积超过 100 立方米时,要适当增加人行通道的宽度或数量。

3.7.2 码垛要求 码垛时,按出库顺序码垛。贮藏保鲜期短的果箱码在手容易拿到的地方;在同一贮藏保鲜期内的果箱,要把装有大果的箱子放在手容易拿到的地方,及时出库;贮藏保鲜期长的果箱,可码在冷库的最里面或手不容易拿到的地方。

3.8 贮藏管理

3.8.1 温度管理 微型冷库的温度是影响枣果贮藏保鲜效果好坏的一个重要参数。通常,冷库温度的设定和管理有两种方法。第一种是恒温管理法,即冷库中央中间箱子中果实的温度一直恒定在 $-1℃$,而靠近冷风机、码垛上层箱子中果实的温度不能低于 $-1.3℃$,否则要适当调高库温或贮藏 20~30 天后上下重新倒垛。第二种是前高后低变温管理法,即贮藏的前 1~1.5 个月,冷库中央中间箱子中果实的温度一直稳定在 $-0.5℃ \sim -1℃$;贮藏 1.5 个月后,将箱子中枣果的温度维持在 $-1.5℃ \sim -2.0℃$。在温度管理中要注意两点:①必须用水银精密温度计而不是酒精温度计来测量冷库内的果实温度;②在一个冷库内,最好采用前、中、后,上、中、下多点观测箱中果实的温度。

3.8.2 湿度管理 目前,生产中使用的微型冷库,空气相对湿度一般都达不到贮藏鲜枣所要求的 90%~95%的湿度。因此,必须做好两方面的工作才能保证贮藏效果。第一种方法是采用枣果专用保鲜袋包装贮藏,其中微孔保鲜袋可适当扎紧袋口;普通纳米保鲜袋可缩口,做到既不要扎紧袋口影响有害气体逸出,又不要扎得太松,造成袋内水分散失,达不到保湿要求。第二种是人工增湿法,具体做法是:在冷库中均匀放置 6~8 个塑料水桶,桶中盛放 5~8 kg 30%生石灰水溶液+5%粗盐,而且水溶液保持始终不干。

3.8.3 消毒、通风换气

(1)冷库的消毒 入库前的消毒见前述中的内容;枣果全部入库后要再进行一次全面的消毒杀菌,并通风换气。

(2)通风换气 除了冷库消毒后要进行相应的通风换气外,从贮藏 20 天开始,每 15~20 天最好再进行通风换气。通风换气的目的是排除冷库内枣果呼吸释放的二氧化碳和其他有害气体。具体做法是:在夜间或清晨气温较低时,打开库门和后墙的排气窗口,保持对流 20~30 分钟,但要防止库内温度和湿度有较大的波动。

3.8.4 日常管理
冷库的日常管理工作主要有以下几点:(1)每天定时除霜;(2)每 3 天一次,早、中、晚记录冷库内各点的温度和湿度;(3)定时检查设备运行情况,包括制冷系统、仪器和温度等仪表有无失灵。出现问题要及时排除,制定维修措施,建立维修档案。

3.8.5 抽检
每 10~15 天对冷库内的枣果要抽样检查一次。检查的主要内容有:果实颜色变化、果实硬度变化、果肉褐变情况、风味变化、病害发生情况变化等。详细记录检查的内容和结果,发现问题及时处理。

3.9 出库和销售

3.9.1 出库 为避免枣果直接从冷库拿出来后，果实表面结露，枣果出库后应先在阴凉处放置 1~2 小时后再上车销售。

3.9.2 销售 出库后的枣果在不同的温度条件下，应具有不同的货架期，10℃~20℃大于 6 天，4℃~6℃大于 10 天。

4 结语

几年来，魏天军等人通过研究灵武长枣呼吸强度、呼吸跃变类型，灵武长枣和中宁圆枣糖分积累规律、硬度变化、维生素 C、可滴定酸、淀粉和果胶等物质含量的变化规律，揭示了原产于宁夏的灵武长枣和中宁圆枣采前采后生理生化特性。在此基础上，系统研究了保鲜膜袋、预冷、湿度和通气、着色成熟度、保鲜剂、气调剂、采前喷钙制剂和钾肥以及真空渗透钙和植物激素等技术；从采前品种、田间管理、采摘、挑选分级、运输、库房准备、保鲜剂浸果、预干燥、预冷、装袋、放气调剂、低温高湿贮藏、熏蒸消毒、通风换气、抽样检查、分批出库、包装销售等 16 个方面，较系统地研究提出了灵武长枣和中宁圆枣贮藏保鲜配套技术体系，在生产中示范应用取得了较好的效果。但枣果的贮藏保鲜期仍不能满足人们次年枣果未上市前都能吃到鲜枣的愿望。

因此，开展以下研究工作，将能延长灵武长枣和中宁圆枣的贮藏保鲜期。（1）开展灵武长枣和中宁圆枣的减压贮藏保鲜新技术研究；（2）对现有的灵武长枣和中宁圆枣，开展更深入的采前配套栽培技术研究，以进一步提高果实糖度；（3）加大品种选优研究的力度，选出早、中和晚熟新品种/系，拉开枣果实成熟上市和贮藏后上市时间；（4）及早开展枣树的杂交育种研究工作，选育出可溶性固形物含量大于 35%的新品种，或白熟期可溶性固形物含量大于 20%的新品种,或晚熟耐贮运的新品种;(5)从长远的角度看，在搞清枣果实内源脱落酸的生物合成途径的基础上,开展枣果实的采后分子生物学研究,通过基因工程技术,选育枣果实内源脱落酸表达受抑制的新品种，将是彻底解决鲜枣果实不耐贮藏的根本途径。

第二节　中宁圆枣贮藏管理技术规程

1　范围

本标准规定了中宁圆枣干鲜果储藏、运输技术管理要求。

本标准适用于中宁圆枣果品流通、加工过程中的储藏管理。

2　规范性引用文件

下列文件中的条款通过本标准的引用而成为本标准的条款。凡是注日期的引用文件,其随后所有的修改单(不包括勘误的内容)或修订版均不适用于本标准,然而,鼓励根据本标准达成协议的各方研究是否可使用这些文件的最新版本。凡是不注日期的引用文件,其最新版本适用于本标准。

GB 5835–1986　　红枣

GB 7718–2004　　预包装食品标签通则

SB/T 10093–1992　红枣贮存

SN/T 1143–2002　植物检疫简易熏蒸库熏蒸操作技术过程

DB64/T 419–2005　鲜灵武长枣

3 储藏要求

3.1 水分要求

干红枣的水分符合 GB 5835 规定。

3.2 包装材料选择

3.2.1 原则 符合安全、卫生、防蛀、防潮、经济、坚固耐用、可印刷的要求。

3.2.2 材料

3.2.2.1 大包装（25 kg 以上） 双向拉伸聚丙烯（OPP）18 μm/聚丙烯（PP）54 根×54 根/100 mm,制作成内覆膜透明袋外编织袋,内套厚度为 35 μm 的低密度聚乙烯（LDPE）袋。

3.2.2.2 箱装内袋（20 ~25 kg） 厚度为 50 μm 的聚丙烯（PP）透明袋。

3.2.2.3 小包装袋（1~2.5 kg） 聚酯（PET）15 μm/ 铝层 0.4 μm/聚乙烯（PE）40 μm 或聚酯（PET）15 μm/聚乙烯（PE）55 μm。

3.2.3 规格 由供需双方协商确定。

3.3 防止

主要防止鲜果霉烂、干果回潮和虫鼠为害。

4 鲜果贮运

4.1 采摘时间

加工蜜饯采收期在 8 月上中旬,鲜食从 8 月中下旬开始采收。

4.2 采摘方法

分期手工采摘。

4.3 贮藏

4.3.1 预冷 冷库使用前 2 天使温度逐渐下降至 5℃左右。

4.3.2 短期贮藏 贮藏时间 2~3 天，贮藏期温度 5℃，10~15 kg 包装，不用保鲜剂和塑料袋。

4.3.3 长期贮藏 贮藏时间 50~60 天，贮藏温度 0℃±1℃，相对湿度 90%，5 kg 包装，包装材料为专用保鲜袋，带内投放专用保鲜剂。

4.4 运输

4.4.1 鲜枣运输 短途运输以汽车为主，长途运输以火车为主，采用集装箱运输。

4.4.2 保鲜枣运输 长途运输以冷藏车运输为主。短途运输以汽车运输为主，采用外覆塑料布加棉被等保温措施。

5 干果贮运

5.1 库房管理

5.1.1 库房 库房墙壁光滑、无缝隙，具有良好的通风和封闭性能，有防潮设施。库内不准混放农药、化肥及易燃、易爆、易挥发的物品。

5.1.2 清洁消毒

5.1.2.1 清洁 入库前 15 天，彻底去除库顶、四壁、边角的灰尘、蛛网、虫茧等杂物。

5.1.2.2 消毒 按 SN/T 1143–2002 执行，或用磷化铝剂片按每堆放 1 吨放置 5~10 片进行熏蒸，24~48 小时后通风。

5.1.3 码垛 按"非"字形或半"非"字形堆放，袋装码垛高度 5~7 层，箱装码垛 10 层左右，视空间设立层架存放。

5.2 储藏期管理

5.2.1 建立档案 记载品种、等级、数量、产地、生产日期、入库时间、库内温湿度，投药时间、数量及天数、贮藏保质期。

5.2.2 温湿度、光照控制 关闭库房向阳的门窗,避免和减少自然光直射,保持库内温度在 20℃以下,有条件可降低至 5℃以下,相对湿度 50%以下。

5.2.3 定期检查 一般 7~10 天检查 1 次垛温和红枣含水量,高温高湿季节每 5 天检查 1 次。当垛温恒定在 15℃以下每月检查 1 次,15℃~20℃每半月检查 1 次,20℃每周检查 1 次。6 月~9 月为回潮虫害高发季节,要重点检查,及时防治。

6 出库

6.1 登记出库时间,标明品种、生产时间及其他处理措施等。

6.2 标签、标志应符合 GB 7718 规定要求。

6.3 运输中加盖防雨篷布,防止接触锐利物体,轻装轻放,保持包装完整。

(本标准是主要参考 GB 5835 和 SB/T 10093-1992 标准而制定。

本标准按照 GB/T1.1-2000《标准化工作导则第 1 部分:标准的结构和编写规则》和 GB/T1.2-2002《标准化工作导则 第 2 部分:标准中规范性技术要素内容的确定方法》编写。

本标准由中宁县质量技术监督局提出。

本标准由中宁县林业局归口。

本标准起草单位:中宁县林业局、中宁县果品协会

本标准起草人:魏志坚、高长玲、马英瀚、杨晓冬、祁伟、刘自祥、周学军、吴忠)

第三节 中宁圆枣包装材料技术规程

1 范围

本标准规定了中宁圆枣包装袋的分类、技术要求、检验方法、检验规则及标签、包装、运输及贮存。

本标准适用于以聚酯(PET)、聚乙烯(PE)、聚丙烯(PP)、双向拉伸聚丙烯(OPP)、低密度聚乙烯(LDPE)为基材制成的中宁圆枣包装袋。

2 规范性引用文件

下列文件中的条款通过本标准的引用而成为本标准的条款。凡是注日期的引用文件,其随后所有的修改单(不包括勘误的内容)或修订版均不适用于本标准,然而,鼓励根据本标准达成协议的各方研究是否可使用这些文件的最新版本。凡是不注日期的引用文件,其最新版本适用于本标准。

GB 9683 复合食品包装袋卫生标准

GB 9688 食品包装用聚丙烯成型品卫生标准

GB/T 1037 塑料薄膜和片材透水蒸气性试验方法 杯式法

GB/T 1038 塑料薄膜和薄片气体透气性试验方法 压差法

GB/T 2828.1 计数抽样检验程序第一部分:按接受质量限(AQL)检索时逐批检验抽样计划

GB/T 2918 塑料试样状态调节和试验的标准环境

GB/T 4857.5 包装 运输包装件 跌落试验方法

GB/T 5009.60　食品包装用聚乙烯、聚苯乙烯、聚丙烯成型品卫生标准的分析方法

GB/T 6672　塑料薄膜和薄片厚度的测定　机械测量法

GB/T 6673　塑料薄膜与片材长度和宽度的测定

GB/T 7707　凹版装潢印刷品

GB/T 8808　软质复合塑料材料剥离试验方法

GB/T 8809　塑料薄膜抗摆锤冲击性能试验方法

GB/T 13022　塑料薄膜拉伸性能试验方法

QB/T 1130　塑料直角撕裂性能试验方法

QB/T 2358　塑料薄膜包装袋热合强度试验方法

3　产品分类

3.1　产品类别按用途、结构、装载量分为以下 3 种,具体见表 7-2。

表 7-2　产品分类

类别	A 类	B 类	C 类
用途	零售小包装袋	箱装内袋	仓储编织袋
结构	PET/PE	PP	OPP/PP/LDPE
厚度,经密度×纬密度	15μm/0.4μm/40μm	15μm/55μm	18μm/54 根×54 根/100μm/35μm
装载量,kg	1~2.5	20~25	25

3.2　规格

袋的有效宽度、有效长度由供需双方协商决定。

4　技术要求

4.1　外观质量

4.1.1　A 类、B 类袋的外观质量应符合表 7-3 的规定。

表 7-3　外观质量

项　　目	要　　求
褶皱	允许有轻微间断褶皱，但不得多于产品总面积的 5%
划伤、烫伤、穿孔、粘连、异物、分层	不允许
热封部位	无虚封
气泡	不明显

4.1.2　C 类袋外观质量应符合表 7-4 的规定。

表 7-4　外观质量

项目	要　　求
断丝	同处经、纬之和断丝小于 3 根
清洁	100 mm² 以下的明显油污不多于 3 处，100 mm² 以上的明显油污不允许有
缝合	不允许出现脱针、断线、未缝住卷折现象
切边	不允许出现散边

4.2　允许偏差

4.2.1　A 类、B 类袋的尺寸偏差应符合表 7-5 的规定。

表 7-5　A 类、B 类袋尺寸偏差

项　　目	允许偏差
长度偏差,mm	±2
宽度偏差,mm	±2
厚度偏差,%	±10
热封宽度偏差,%	±20

4.2.2　C 类袋的尺寸偏差应符合表 7-6 的规定。

表 7-6　C 类袋尺寸偏差

项目	允许偏差
长度偏差,mm	+15/-10
宽度偏差,mm	+15/-10
经密度,根/100mm	-1
纬密度,根/100mm	-1
单位面积质量,%	+8/-7

4.2.3 有特殊要求的由供需双方商定。

4.3 物理机械性能

4.3.1 A 类、B 类袋物理机械性能应符合表 7-7 的规定。

表 7-7 A 类、B 类袋物理机械性能

项　目		指　标
拉断力, N	纵横向	≥40
断裂伸长率, %	纵　向	50-180
	横　向	15-90
剥离力, N	纵横向	≥1.5
撕裂力, N	纵横向	≥4.0
热合强度, N		≥15
抗摆锤冲击性能, J		≥0.6
水蒸气透过量, g/(m²·24 h)		≤5.8
氧气透过量, cm³/(m²·24 h·0.1MPa)		≤1800

4.3.2 C 类袋的物理机械性能应符合表 7-8 的规定。

表 7-8 C 类袋的物理机械性能

项　目		指　标
拉伸负荷 N/50 mm	经向	≥550
	纬向	≥550
	缝边向(双折)	≥300
	缝底向(双折)	≥250
耐热性		无粘着、焊痕等异常情况
耐跌落性		袋不破裂,包装物不漏失

5 检验方法

5.1 试样状态调节和试验的标准环境

按 GB/T 2918-1998 的规定执行。

5.2 尺寸偏差

5.2.1 袋的长度和宽度偏差　按 GB/T 6673 的规定执行。

5.2.2 袋的厚度偏差按 GB/T 6672 的规定执行。

5.2.3 袋的热封宽度偏差用精度为 0.5 mm 的量具检验。

5.3 外观

自然光线下目测或用精度为 0.5 mm 的量具检验。印刷质量按 GB/T 7707 的规定执行。

5.4 物理机械性能

5.4.1 拉断力、断裂伸长率 按 GB/T 13022–1991 的规定执行。

5.4.2 剥离力 按 GB/T 8808–1988 的规定执行。

5.4.3 撕裂力 按 GB/T 1130–1991 的规定执行。

5.4.4 热合强度 按 GB/T 2358–1998 的规定执行。

5.4.5 抗摆锤冲击性能 按 GB/T 8809–1988 的规定执行。

5.4.6 水蒸气透过量 按 GB/T 1037–1988 的规定执行。

5.4.7 氧气透过量 按 GB/T 1038–2000 的规定执行。

5.4.8 卫生性能 按 GB 9683、GB 9688、GB/T 5009.60–2003 的规定执行。

5.4.9 耐跌落性 按 GB/T 4857.5–1992 的规定执行。

6 检验规则

6.1 组批

产品以批为单位进行检验,同一品种、同一规格、同一工艺、同一原料连续生产的产品为一批,袋的最大批量不超过 500 000 只。

6.2 检验分类

6.2.1 出厂检验 出厂检验项目为表 7–2、表 7–3、表 7–4、表 7–5。

6.2.2 型式检验 型式检验项目为要求中的全部项目，一般情况下每年检验一次,有下列情况之一时,亦应进行型式检验:

c)新产品试制定型鉴定时；

d)原材料及工艺有较大改变,可能影响产品性能时；

e)产品长期停产后,恢复生产时；

f)出厂检验结果与上次型式检验有较大差异时；

g)国家质量技术监督机构提出进行型式检验的要求时。

6.3　抽样

6.3.1　外观、规格及尺寸偏差抽样　根据 GB/T 2828.1–2003 规定按表 7–6 进行。采用二次正常抽样方案,一般检查水平Ⅱ,合格质量水平 AQL6.5。

6.3.2　物理机械性能及其他性能采取随机抽样检验方法　在每批中抽取足够试验用的样品。

6.4　判定规则

6.4.1　样本单位质量的判定　袋以一只为单位，全部项目均合格,样本单位为合格。

表 7-9　抽样

批量	样本	样本大小	累计样本大小	合格判定数 Ac	不合格判定数 Re
51–90	第一/第二	8/8	8/16	0/1	2/2
91–150	第一/第二	13/13	13/26	0/1	2/2
151–280	第一/第二	20/20	20/40	0/3	3/4
281–500	第一/第二	32/32	32/64	1/4	3/5
501–1200	第一/第二	50/50	50/100	2/6	5/7
1201–3200	第一/第二	80/80	80/160	3/9	6/10
3201–10000	第一/第二	125/125	125/250	5/12	9/13
10001–35000	第一/第二	200/200	200/400	7/18	11/19
35001–150000	第一/第二	315/315	315/630	11/26	16/27
150001–500000	第一/第二	500/500	500/1000	11/26	16/27
>500000	第一/第二	800/800	800/1600	11/26	16/27

6.4.2 合格批的判定

6.4.2.1 尺寸偏差和外观根据表 7-5、表 7-6、表 7-3、表 7-4 判定。

6.4.2.2 物理机械性能、跌落性能检验结果中若有不合格项,应再从该批中抽取双倍样对不合格项进行复检,复检结果全部合格,则整批为合格。

6.4.2.3 卫生性能检验结果若不合格,则整批为不合格。

7 标签、包装、运输及贮存

7.1 标签

包装应附合格证或标签,并标明下列内容:

a)产品名称、商标;

b)生产企业名称、地址;

c)产品规格、重量、数量;

d)生产日期、检验者代号;

e)执行产品标准号。

7.2 包装

采用瓦楞纸箱内衬塑料薄膜或牛皮纸包装。

7.3 运输

运输中应防止碰撞和接触锐利物体,轻装轻卸,保持包装完整,避免日晒、雨淋,并不受污染。

7.4 贮存

产品应贮存于清洁、卫生、空气流通的库房内,距热源不少于 1 m。贮存期自生产日期起为 1 年。

(本标准主要参考 GB 9683 标准而制定。

本标准按照 GB/T1.1-2000《标准化工作导则 第 1 部分：标准的结构和编写规则》和 GB/T1.2-2002《标准化工作导则 第 2 部分：标准中规范性技术要素内容的确定方法》编写。

本标准由中宁县质量技术监督局提出。

本标准由中宁县林业局归口。

本标准起草单位：中宁县林业局、中宁县果品协会

本标准起草人：魏志坚、高长玲、马英瀚、杨晓冬、祁伟、史生宝、周学军、王贵荣）

附录

一、GB/T 18846-2008 地理标志产品
沾化冬枣

1　范围

本标准规定了沾化冬枣的地理标志产品保护范围、术语和定义、要求、试验方法、检验规则及标志、标签、包装、运输和贮存。

本标准适用于国家质量监督检验检疫行政主管部门根据《地理标志产品保护规定》批准保护的沾化冬枣。

2　规范性引用文件

下列文件中的条款通过本标准的引用而成为本标准的条款。凡是注日期的引用文件,其随后所有的修改单(不包括勘误的内容)或修订版均不适用于本标准,然而,鼓励根据本标准达成协议的各方研究是否可使用这些文件的最新版本。凡是不注日期的引用文件,其最新版本适用于本标准。

GB/T 5009.8　食品中蔗糖的测定

GB/T 5009.10　植物类食品中粗纤维的测定

GB/T 6195　水果、蔬菜维生素 C 的含量测定方法(2,6-二氯靛酚滴定法)

GB 7718　预包装食品标签通则

GB/T 10651 鲜苹果

GB/T 12456 食品中总酸的测定方法（GB/T 12456-1990，neq ISO 750:1981）

3　地理标志产品保护范围

沾化冬枣的地理标志产品保护范围限于国家质量检验检疫行政主管部门根据《地理标志产品保护规定》批准保护的范围，见附录 A。

4　术语和定义

下列术语和定义适合于本标准。

4.1　沾化冬枣 Zhanhua Dongzao jujube

在本标准的第 3 章规定的范围内栽植冬枣苗木，以本标准栽培技术进行管理，果品质量符合本标准要求的冬枣。

4.2　着色面积 coloring area

单个枣果表面着红色的面积。

4.3　可食率 edible proportion

取出枣核以外的果肉部分占整个枣质量的比例。

4.4　浆头 serous part

枣的两头或局部出现浆包，色泽发暗。

注：进一步发展即成霉烂果。

4.5　果实硬度 fruit firmness

果实单位面积去皮后所承受的试验压力，检测时应用果实硬度计测定，以牛顿每平方厘米（N/cm²）计。

4.6　可溶性固形物 soluble solids

果实汁液中所含能溶于水的糖类、有机酸、维生素、可溶性蛋白、色素和矿物质等。

4.7 脆熟期 crisp ripe time

果皮褪绿,并出现红色,富光泽,果肉绿白或乳白,浓甜微酸,啖食无渣。

5 要求

5.1 自然环境

5.1.1 环境特征 本区域地处黄河三角洲腹地,北濒渤海湾,南靠黄河(北纬 37°34′~38°11′,东经 117°45′~118°21′),气候四季分明,冬枣生长季节日照充足,属于北温带大陆性季风气候,冬天多偏北风,夏季多偏南风,春秋风向多变,形成相应的小气候。

5.1.2 日照 年平均日照时数 2627.3 小时;年平均日照百分率 61%;年平均太阳辐射总量 $5.29×10^5$ J/cm^2,平均生理辐射总量 $2.65×10^5$ J/cm^2。

5.1.3 气温 年平均气温 12.5℃,平均无霜期 203 天。

5.1.4 降水 降水主要靠夏季季风带来的水气,雨季的起始和冬、夏季风交汇形成的锋面进退一致,年平均降水量 544.3 mm(季平均降水量为第一季度 21.6 mm,第二季度 129.9 mm,第三季度 341.3 mm,第四季度 51.5 mm),生长期平均降水量 488.2 mm。

5.1.5 土壤 土壤系黄河冲积平原,土体厚,养分含量高,其中有机质含量 7.55~12.75 g/kg,平均含量 10.25 g/kg;全氮含量 0.461~0.815 g/kg,平均含量 0.668 g/kg;全磷含量 1.123~1.449 g/kg,平均含量 1.298 g/kg;碱解氮含量 29.04~53.89 mg/kg;平均含量 38.74mg/kg;速效磷含量 4.64~14.56 mg/kg;平均含量 8.46 mg/kg;速效钾含量 137~263.71 mg/kg;平均含量 185.22 mg/kg;

土壤pH 7.2~7.8,呈中性至微碱性。

5.2 特性

5.2.1 果实特性 果实近圆形或扁圆形,果顶较平,平均单果重 14.6 g,最大单果重 60.8 g,果面平整,果皮薄,赭红色,富光泽,果肉乳白色,质脆且肉质细嫩多汁,啖食无渣,含糖量高,富含维生素等多种营养物质。

5.2.2 果树特性

5.2.2.1 树体 乔木,树势及发枝力很强,分枝多,干性强。

5.2.2.2 枝条 多年生生枝条,坐果率高,负载量大,枝条较脆易劈裂。嫩梢前期为浅绿色,后期为紫红色。

5.2.2.3 枣吊 枣吊长 12～30 cm,13 节左右,旺树枣吊长达 41 cm 以上。

5.2.2.4 叶 叶长圆形,两侧略向叶面褶起。

5.2.2.5 花 花冠直径 0.6 cm 左右,雄蕊高出雌蕊,柱头分泌黏液多。

5.2.2.6 物候期 4 月初开始萌动,5 月下旬始花,6 月中旬盛花,10 月上旬果实成熟,11 月上旬落叶,逐渐进入休眠。

5.2.2.7 抗逆性 耐干旱、耐涝、耐盐碱、耐贫瘠、抗病虫能力较强。

5.3 苗木繁育

5.3.1 砧木苗培养

5.3.1.1 酸枣砧木苗的培养 优良的酸枣种仁,3 月中旬至 5 月下旬播种,行距 40~100 cm 宽窄行,苗高 10 cm 时定苗,株距 15～20 cm。适时中耕除草、病虫害防治,8 月中旬摘心。

5.3.1.2 普通枣砧木苗的培养 春季发芽前或秋季落叶后,将田间散生的根蘖苗收集入圃,每公顷栽植 90 000~120 000 株(每亩栽植 6 000~8 000 株),适时进行土肥水管理和病虫害防治。

5.3.2　嫁接苗培育

5.3.2.1　砧木　选择生长健壮的根茎不小于 0.8 cm 的普通枣苗或酸枣苗。

5.3.2.2　嫁穗　选择沾化冬枣接穗直径大于 0.6 cm 的充实健壮的发育枝或二次枝,在 4 月至 5 月进行劈接或插皮接。

5.3.2.3　抹芽　将嫁接部位(或口)以下的萌芽全部抹去。

5.3.2.4　适时进行中耕除草、土肥水管理和病虫害防治。

5.3.3　苗木出圃要求

　　嫁接苗木出圃规格见表 1。

表 1　苗木规格

级别	苗高/cm	根茎(嫁接口以上 5cm)/cm ≥	根系		成熟度
			侧根数量/条 ≥	根幅/cm ≥	
一级	≥100	1.2	5	30	根茎至苗高 2/3 处为灰白或褐红色
二级	≥80~<100	1.0	4	25	
三级	≥60~<80	0.8	3	25	

5.4　栽培技术

5.4.1　主要栽培管理技术措施

5.4.1.1　栽植　选择土层深厚、土质疏松、排灌条件良好的沙质壤土,土壤含盐量小于 0.3%,其中氯化钠含量小于 0.15%,小冠密植,春栽为宜,秋栽亦可。

5.4.1.2　修剪　修剪时以通风透光为原则,采用以下修剪方式:

　　a)整形修剪:运用抹芽、摘心、拉枝、开甲、疏枝、短截等技术,培养成小冠疏层形、自由纺锤形、多主枝自然圆头形。

　　b)幼龄树修剪:培养骨干枝、培养结果枝组、利用辅养枝。

　　c)结果树修剪:清理徒长枝、处理竞争枝、回缩伸长枝、疏散过密枝和细弱枝、清除损伤枝和病虫枝。

d)老树更新复壮:疏截结果枝组、回缩骨干枝、停甲养树。

5.4.1.3 土肥水管理

5.4.1.3.1 松土除草 春秋两季进行土壤翻耕,枣树生长期及中期除草。

5.4.1.3.2 施肥 秋施基肥在冬枣采收后至落叶前进行,以有机肥为主,化肥为辅,采用放射状沟施或条状沟施法;追肥每年三次,分别在萌芽前(4月上旬)、花前(5月中旬)、幼果期(7月上旬果实膨大期)追肥施肥量及种类依树龄、树势、结果情况、土壤肥力确定。

5.4.1.3.3 灌水与排水 冬枣发芽期、花前期、幼果期、封冻前应视土壤情况及时补水,雨季注意排水防涝。

5.4.1.4 保花保果

5.4.1.4.1 开甲 3年生以上枣树可在盛花期进行开甲,甲口宽度为树干直径的十分之一,最宽不大于2 cm;开甲时留总枝量的12%~18%为辅养枝;开甲宽度和留辅枝量应视树势强弱而定。

5.4.1.4.2 摘心 利用枣头摘心和二次枝摘心,提高坐果率,摘心时间为5月下旬至6月上旬。

5.4.1.4.3 花期喷水 盛花期每隔2~3天傍晚叶面喷清水,保持空气相对湿度75%~85%之间。

5.4.1.4.4 喷肥和植物生长素:盛花期喷10~15 mg/kg的赤霉素或0.3%~0.5%的尿素溶液或0.3%的硼砂稀释液,可交替使用。

5.4.1.4.5 花期放蜂 初花期将蜂箱放入园内,每0.67 hm²(10亩)放1蜂箱,放蜂期枣园内禁止喷药。

5.4.2 病虫害防治 病虫害防治以预防为主,综合防治为原则。主要防治龟蜡蚧、枣瘿蚊、红蜘蛛、绿盲蝽象、枣锈病、轮纹病、斑点病、细菌性疮痂病等病虫害。在病虫害防治中宜使用物理与生物防治。

6 采收

6.1 采收时间
10月上中旬,冬枣脆熟期。

6.2 采收要求
成熟一批,采收一批。

6.3 采收方法
一手抓好枣吊,一手拿好枣果,拇指掐住果柄,向上用力,保证每枣带柄,并轻拿轻放。不得用杆震落后拾捡。

6.4 质量等级
质量等级见表2。

表 2 质量等级要求

项 目	要 求		
	特级	一级	二级
单果重/g	17~20	14~16	12~13
果形	近圆形或扁圆形	近圆形或扁圆形	近圆形或扁圆形
机械伤、病虫害	无	无病虫害,裂口果不超过3%	无病虫害,裂口果不超过5%
色泽	果皮赭红光亮,着色50%以上	果皮赭红光亮,着色50%以上	果皮赭红光亮,着色30%以上
口感	皮薄肉脆,细嫩多汁,浓甜微酸爽口,啖食无渣		皮薄肉脆,浓甜微酸爽口,啖食无渣

6.5 感官指标
果实近圆形或扁圆形,果顶较平,果粒均匀,果实阳面赭红色,富光泽,皮薄肉脆,细嫩多汁,浓甜微酸爽口,啖食无渣。

6.6 理化指标

理化指标应符合表 3 规定。

表 3　理化指标

项　目		指　标		
		特级	一级	二级
可食率(以质量计)/%	≥		90.0	
硬度/(N/cm²)	≥		35.0	
可溶性固形物/%	≥		25.0	
总糖(以蔗糖计)/%	≥	30.0	30.0	25.0
总酸(以苹果酸计)/%	≥		0.3~1.0	
维生素 C/(mg/100g)	≥		250.0	
膳食纤维/%	≤		5.0	
总黄酮(ug/100g)	≥		0.2	

6.7　卫生指标

按 GB/T 10651 规定执行。

7　试验方法

7.1　感官指标

将样品放入洁净的瓷盘中，在自然光下用肉眼观察样枣的形状、颜色、光泽和果粒的均匀程度,并品尝。

7.2　质量等级

对枣样进行单果重称重,用肉眼观察样枣的形状和着色面积,有无病虫果、浆头及裂果,计算其占总数的比例,归等分级。

7.3　理化指标

7.3.1　可食率的测定　称取样枣 200~300 g,逐个切开,将枣肉与核分离,分别称量,按式(1)计算。

$$A = \frac{m_2 - m_1}{m_2} \times 100\% \quad\cdots\cdots\cdots\cdots\cdots\cdots \quad （1）$$

式中：

A——可食率，%；

m_1——果核质量，单位为克(g)；

m_2——全果质量，单位为克(g)。

7.3.2　硬度的测定

7.3.2.1　仪器　硬度压力计

7.3.2.2　测定方法　将样果在果实胴部中央阴阳两面的预测部位削去薄薄的一层果皮，尽量少损及果肉，梢部略大于压力计测头的面积，将压力计测头垂直地对准果实的测试部位，徐徐施加压力，使测头压入果肉至规定标线为止，从指示器所示处直接读数，即为果实硬度。每批试验不得小于 10 个样果，求其平均值，计算至小数点后一位。

7.3.3　总糖的测定　按 GB/T 5009.8 规定执行。

7.3.4　总酸的测定　按 GB/T 12456 规定执行。

7.3.5　维生素 C 的测定　按 GB/T 6195 规定执行。

7.3.6　膳食纤维的测定　按 GB/T 5009.10 规定执行。

7.3.7　总黄酮的测定

7.3.7.1　试剂

7.3.7.1.1　聚酰胺粉

7.3.7.1.2　芦丁标准溶液　称取 5.0 mg 芦丁，加甲醇溶液溶解并定容至 100 ml，即得 50 ug/ml 芦丁标准溶液。

乙醇:分析纯。

7.3.7.1.3　甲醇　分析纯。

7.3.7.1.4　苯　分析纯。

7.3.7.2 分析步骤

7.3.7.2.1 样品处理 称取一定量的样品，加乙醇定容至 25 ml。摇匀后超声提取 20 min 放置，吸取上清液 1.0 ml 于蒸发皿中，加 1 g 聚酰胺粉吸附，于水溶液上挥发去乙醇，然后转入层析柱。先用 20 ml 苯洗，苯液弃去，然后用甲醇洗脱黄酮，定容至 25 ml，此液于波长 360 nm 测定吸光值，同时以芦丁为标准，测定标准曲线，求回归方程，计算样品中的黄酮含量。

7.3.7.2.2 芦丁标准曲线 吸取芦丁标准溶液 0 ml、1.0 ml、2.0 ml、3.0 ml、4.0 ml、5.0 ml 于 10 ml 比色管中，加甲醇至刻度，摇匀，于波长 360 nm 比色，计算样品中的黄酮含量。

7.3.7.2.3 计算和结果表示 样品中总黄酮含量按式（2）计算：

$$X = \frac{A \times V_2}{V_1 \times m \times 1000} \quad \cdots\cdots\cdots\cdots\cdots \quad （2）$$

式中：

X——样品中黄酮含量，单位为微克每百克(ug/100g)；

A——由标准曲线算得被测液中总黄酮含量，单位为微克(ug)；

m-——样品质量，单位为克(g)；

V_1——测定用样品体积，单位为毫升(ml)；

V_2——样品定容总体积，单位为毫升(ml)。

7.3.8 可溶性固形物的测定 按 GB/T 10651 规定执行。

7.4 卫生指标的测定

按 GB/T 10651 规定执行。

8 检验规则

8.1 检验分类

8.1.1 交收检验 产品交收前应按照本地标准要求进行质量等

级检验,按等级要求分别包装,并将合格证附于包装箱内。

8.1.2 型式检验

8.1.2.1 有下列情况之一时应进行型式检验:

a)每年采摘初期;

b)国家质量监督机构提出进行型式检验。

8.1.2.2 型式检验项目 型式检验项目为本标准全部要求。

8.2 组批

同一等级、同样包装、同一贮存条件下存放的枣品为一批。

8.3 抽样方法

抽取样品应同批货物中按表4规定的数量抽取,然后每件抽取样品 500 g,并置于洁净的铺垫上,将全部样品充分混合,以四分法取样,待检。

表4 抽样数量

每批数量/件	抽样件数
≤200	抽取 6 件,但最终样本数量≥1 kg
201~600	以 200 件抽取 8 件为基数,每增加 100 件增抽 1 件
601~1200	以 600 件抽取 8 件为基数,每增加 200 件增抽 1 件
1200 以上	以 1200 件抽取 10 件为基数,每增加 300 件增抽 1 件,不足 300 件按 300 件计

8.4 判断规则

检验结果应符合相应等级的规定,当单果重、着色面积、病虫果机械伤出现不合格项时,允许降等或重新分级。理化指标和卫生指标有一项不合格是,允许加倍抽样复检,如仍有不合格项即判为该批产品不合格。

9 标志、标签、包装、运输和贮存

9.1 标志、标签

产品标签应按 GB 7718 规定执行,并按规定使用地理标志产品专用标志。

9.2 包装

9.2.1 外包装 包装材料应轻质牢固,不变形,无污染,对冬枣有一定的保护作用,通常可采用纸箱和瓦楞纸箱。

9.2.2 内包装 包装材料应清洁、无毒、无污染、透明,具有一定的透气性,与冬枣接触不易产生摩擦伤。

9.3 运输和贮存

运输应采用冷藏车或冷藏集装箱,贮存应采用冷藏或气调贮藏。

(本标准根据《地理标志产品保护规定》及 GB 17924-1999《原产地域产品通用要求》制定。

本标准代替 GB 18846-2002《原产地域产品 沾化冬枣》。

本标准与 GB 18846-2002 相比主要变化如下:

——将标准由强制性改为推荐性;

——根据国家质量监督检验检疫总局颁布的《地理标志产品保护规定》,修改相关名称内容;

——修改了术语和定义,使之表述更准确;

增加了"脆熟期"的定义(本版4.7);

——修改了"苗木繁育"和"栽培技术"(本版5.3、5.4);

——根据生产实际情况调整了"质量等级"中"单果重"指标(本版5.6)。

本标准的附录 A 为规范性附录。

本标准由全国原产地域产品标准化工作组提出并归口。

本标准起草单位:沾化县质量技术监督局

本标准主要起草人:郭艳灵、贾善银、张建新、樊玉东、刘云富、刑利民、郭增禄、王信锋、巴明华

本标准所代替的标准的历次版本发布情况为:GB 18846–2002)

二、GB/T 5835-2009 干制红枣

1 范围

本标准规定了干制红枣的相关术语和定义、分类、技术要求、检验方法、检验规则、包装、标志、标签、运输和贮存。

本标准适用于干制红枣的外观质量分级、检验、包装和贮运。

2 规范性引用文件

下列文件中的条款通过本标准的引用而成为本标准的条款。凡是注日期的引用文件,其随后所有的修改单(不包括勘误的内容)或修订版均不适用于本标准,然而,鼓励根据本标准达成协议的各方研究是否可使用这些文件的最新版本。凡是不注日期的引用文件,其最新版本适用于本标准。

GB/T 191 包装储运图示标志(GB/T 191-2008,ISO780:1997,MOD)。

GB 2762 食品中污染物限量

GB 2763 食品中农药最大残留限量

GB/T 5009.3 食品中水分的测定

GB/T 8855 新鲜水果和蔬菜 取样方法

GB/T 10782 蜜饯通则

SB/T 10093 红枣贮存

3 术语和定义

下列术语和定义适用于本标准。

3.1 干制红枣 dried Chinese jujubes

用充分成熟的鲜枣,经晾干、晒干或烘烤干制而成,果皮红色至紫红色。

3.2 外观质量

3.2.1 品种特征 cultivar characters 不同品种的红枣干制后的外观特征,如果实形状、果实大小、色泽浓度、果皮厚薄、皱纹深浅、果肉和果核的比例以及肉质风味等。

3.2.2 果实大小均匀 fruit uniform size 同一批次、同一等级规格的干制红枣果实大小基本一致。

3.2.3 肉质肥厚 plump flesh 干制红枣可食部分的百分率超过一定的数值为肉质肥厚。鸡心枣可食部分不低于84%为肉质肥厚,其他品种可食部分达到90%以上者为肉质肥厚。

3.2.4 身干 dryness 干制红枣果肉的干燥程度。以红枣含水率的高低表示。

3.2.5 色泽 colour and luster 干制红枣果皮颜色深浅和光泽。

3.3 杂质

3.3.1 一般杂质 general impurity 混入干制红枣中的枣枝、叶、微量泥沙及灰尘。

3.3.2 有害杂质 harmful impurity 混入干制红枣中的各种有毒、有害及其他有碍食品卫生安全的物质。如玻璃碎片、瓷片、沥青、水泥块、煤屑、毛发、昆虫尸体、塑料及其他有害杂质。

3.4 缺陷果 defect fruit 鲜枣在生长发育和采摘过程中受病虫危害、机械损伤和化学品作用造成损伤的果实。

3.5 干条 dried immature fruit 由不成熟的鲜枣干制而成,果实干硬瘦小,果肉不饱满,质地坚硬,果皮颜色淡偏黄,无光泽。

3.6 浆头果 starch head fruit 红枣在生长期或干制过程中因受雨水影响,枣的两头或局部未达到适当干燥,含水率高,色泽发暗,进一步发展即成霉烂枣。浆头枣已裂口属于烂枣,不作浆头处理。

3.7 破头果 skin crack fruit 破损果

红枣在生长期间自然裂果或机械损伤而造成红枣果皮出现长达果长 1/10 以上的破口,且破口不变色、不霉烂的果实。

3.8 油头果 dark or oiled skin spot fruit 鲜枣在干制过程中翻动不匀,枣上有的部分受温过高,引起多酚类物质氧化,使外皮变黑,肉色加深的果实。

3.9 病果 diseased fruit 带有病斑的干制红枣。

3.10 虫蛀果 wormy fruit 果实受害虫危害,伤及果肉,或在果核外围留有虫絮、虫体、排泄物的果实。

3.11 霉变果 mildewed fruit 果实受微生物侵害,果肉部分变色变质,或果皮表面留有明显发霉危害痕迹的果实。

3.12 内在品质

3.12.1 含水量 moisture content 干制红枣中水分的含量,以百分率表示。

3.12.2 总糖 total sugar 干制红枣中总糖的含量,以百分率表示。

3.12.3 可食率 edible rate 可食用部分重量与整果重之比,以百分率表示。

3.13 容许度 tolerance 某一等级果中允许不符合本等级要求的干制红枣所占的比例。

4 分类

干制红枣分为干制小红枣和干制大红枣两类。

4.1 干制小红枣

用金丝小枣、鸡心枣、无核小枣等品种和类似品种干制而成。

4.2 干制大红枣

用灰枣、板枣、郎枣、圆铃枣(核桃纹枣、紫枣)、长红枣、赞皇大枣、灵宝大枣(屯屯枣)、壶瓶枣、相枣、骏枣、扁核酸枣、婆枣、山西(陕西)木枣、大荔园枣、晋枣、油枣、大马牙、圆木枣等品种和类似品种干制而成。

5 技术要求

5.1 干制小红枣等级规格要求

干制小红枣分为特等果、一等果、二等果和三等果(表1)。

5.2 干制大红枣等级规格要求

干制大红枣分为一等果、二等果和三等果(表2)

5.3 卫生指标

按照 GB 2762 和 GB 2763 有关规定执行。

6 检验方法

6.1 取样方法

按 GB/T 8855 规定执行。

6.2 等级规格检验

6.2.1 标准样品的制备 干制红枣产地在开始收购以前,可根据本标准规定的等级质量指标制备各品种干制红枣等级规格标准样品,以便于市场交易的直观判断。

表1 干制小红枣等级规格要求

项目	果形和果实大小	品质	损伤和缺陷	含水率/%	容许度/%	总不合格果百分率/%
特等	果形饱满,具有本品种应有的特征,果大均匀	肉质肥厚,具有本品种应有的色泽,身干,手握不粘个,总糖含量≥75%,一般杂质不超过0.5%	无霉烂、浆头、不熟果和病虫果。允许破头、油头果两项不超过3%	不高于28	不超过5	不超过3
一等	果形饱满,具有本品种应有的特征,果实大小均匀	肉质肥厚,具有本品种应有的色泽,身干,手握不粘个,总糖含量≥70%,一般杂质不超过0.5%。鸡心枣允许肉质肥厚度较低	无霉烂、浆头、不熟果和病虫果。允许病虫害果、破头、油头果三项不超过5%	不高于28	不超过5	不超过5
二等	果形良好,具有本品种应有的特征,果实大小均匀	肉质肥厚,具有本品种应有的色泽,身干,手握不粘个,总糖含量≥65%,一般杂质不超过0.5%	无霉烂、浆头,允许病虫果、破头、油头果和干条四项不超过10%(其中病虫果不得超过5%)	不高于28	不超过10	不超过10
三等	果形正常,具有本品种应有的特征,果实大小均匀	肉质肥瘦不均,允许有不超过10%的果实色泽稍浅,身干,手握不粘个,总糖含量≥60%,一般杂质不超过0.5%	无霉变果。允许浆头、病虫果、破头、油头果和干条五项不超过15%(其中病虫果不得超过5%)	不高于28	不超过15	不超过15

表 2　干制大红枣等级规格要求

项目	果形和果实大小	品质	损伤和缺陷	含水率/%	容许度/%	总不合格果百分率/%
一等	果形饱满，具有本品种应有的特征，果实大小均匀	肉质肥厚，具有本品种应有的色泽，身干，手握不粘个，总糖含量≥70%，一般杂质不超过0.5%	无霉变、浆头、不熟果和病果。虫果、破头果两项不超过5%	不高于25	不超过5	不超过5
二等	果形良好，具有本品种应有的特征，果实大小均匀	肉质肥厚，具有本品种应有的色泽，身干，手握不粘个，总糖含量≥65%，一般杂质不超过0.5%	无霉变果。允许浆头不超过2%,不熟果不超过3%，病虫果、破头两项不超过5%	不高于25	不超过10	不超过10
三等	果形正常，果实大小较均匀	肉质肥瘦不均，允许有不超过10%的果实色泽稍浅，身干，手握不粘个，总糖含量≥60%，一般杂质不超过0.5%	无霉变果。允许浆头不超过5%,不熟果不超过5%，病虫果、破头果两项不超过10%（其中病虫果不得超过5%）	不高于25	不超过15	不超过20

注：干制大红枣品种繁多,各品种果实大小差异较大,本标准对干制红枣每千克数不作同一规定,各产地根据当地品种特性,按等级自行适当规定。主要品种干制红枣的果实大小分级标准可参见附录 A。

6.2.2　果形及色泽　将抽取的样枣,铺放在洁净的平面上,对照标准样品,按标准规定目测观察样枣的形状和色泽,记录观察结果。

6.2.3　果实大小　样枣按四分法取样 1 000 g,观察枣粒大小及其均匀程度。

6.2.4　肉质　以制备的标准样品为比照依据,确定干制红枣果肉的干湿和肥瘦程度。如双方对检验结果存在分歧时,可按本标准规定的含水率和可食率指标实际测定。

6.2.5　杂质　原包装检验,检验时将红枣倒在洁净的板或布上,用目测检查杂质,连同袋底存有的沙土一起称重。按式(1)计算其百分率,结果保留一位小数。

$$杂质=(杂质重量/样枣重量)\times100\% \quad\cdots\cdots\cdots\cdots\cdots \quad (1)$$

6.2.6　不合格果　将干制红枣样品混合均匀,随机取样 1 000 g,用目测检查,依据标准规定分别拣出不熟果、病虫果、霉变及浆头果、破头果、油头果以及其他损伤果并称重。按式(2)计算各项不合格果的百分率,结果保留一位小数。

$$单项不合格果百分率=(单项不合格果重量/试样重量)\times$$
$$100\% \quad\cdots\cdots\cdots\cdots\cdots\cdots\cdots\cdots\cdots\cdots\cdots\cdots\cdots \quad (2)$$

　　同一果实有多项缺陷时,只记录其中最主要一项缺陷。各单项不合格果百分率的总和即为该批干制红枣的总不合格果百分率。

6.3　理化检验

6.3.1　含水率测定

6.3.1.1　样品制备　称取去核干制红枣 250 g,带果皮纵切成条,然后横切成碎片(每片厚度 0.5 mm),混合均匀,放入磨口瓶中,作为含水率的测试样品。

6.3.1.2 测定　按 GB/T 5009.3 中蒸馏法的规定测定含水率。

6.3.2 总糖的测定　按 GB/T 10782 中总糖的规定执行。

6.3.3 可食率测定　称取具有代表性的样枣 200~300 g，逐个切开将枣肉与枣核分离，称量果肉重量，然后按式（3）计算。

可食率=（果肉重量/全果重量）×100%（3）

6.4 卫生指标检测

污染物、农药残留量分别按 GB 2762 和 GB 2763 规定的相应检验方法和标准执行。

7　检验规则

7.1 组批规则

同一生产单位、同品种、同等级、同一贮运条件、同一包装日期的干制红枣作为一个检验批次。

7.2 型式检验

型式检验是对第 5 章技术要求规定的全部指标进行检验。有下列情形之一者，应进行型式检验：

a）前后两次检验，结果差异较大；

b) 生产或贮藏环境发生较大变化；

c) 国家质量监督机构或主管部门提出型式检验要求。

7.3 交收检验

7.3.1 每批产品交收前，生产单位都应进行交收检验，其内容包括等级规格、容许度、净含量、包装、标志的检验。检验的期限，货到产地站台 24 小时内检验，货到目的地 48 小时内检验。检验合格并附合格证的产品方可交收。

7.3.2 双方交接时，每个包装件的净重应和规定重量相符。

7.4 判定规则

7.4.1 等级规格要求的总不合格果百分率符合等级要求，理化指标和卫生指标均为合格，则该批产品判为合格。

7.4.2 当一个果实的等级规格质量要求有多项不合格时，只记录其中最主要的一项。

7.4.3 等级规格要求的总不合格果百分率不符合等级要求时，或有一项理化指标不合格，或卫生指标有一项不合格，或标志不合格，则该批产品判为不合格。

7.4.4 卫生指标出现不合格时，允许另取一份样品复检，若仍不合格，则判该项指标不合格；若复检合格，则需再取一份样品作为第二次复检，以第二次复检结果为准。

7.4.5 在取样的同时对包装进行检查，不符合规定的包装容器和包装方法，应局部或全部予以整理。不合格的产品，允许生产单位进行整改后申请复检。

8 包装与标志、标签

8.1 包装

8.1.1 每一包装容器只能装同一品种、同一等级的干制红枣，不得混淆不清。

8.1.2 麻袋、尼龙袋装果后，应用拉力强的麻绳或其他封包绳封合严密，搬动时不能使红枣从缝隙中漏出。

8.1.3 包装容器和材料

8.1.3.1 干制红枣可用麻袋、尼龙袋、纸箱或塑料箱等包装。麻袋、尼龙袋应编制紧密，纸箱或塑料箱应具有较强的抗压强度。同一批次货物各件包装的净重应完全一致。

8.1.3.2 麻袋、尼龙袋的封包绳可用麻绳等，封包绳应具有较强的拉力。

8.1.3.3 包装干制红枣的容器和材料，要求清洁卫生、干燥完整、无毒性、无异味、无虫蛀、无腐蚀、无霉变等现象。

8.2 标志、标签

8.2.1 包装容器上应系挂或粘贴标有品名、品种、等级、产地、执行标准编号、毛重(kg)、净含量(kg)、包装日期、封装人员或代号的标签和符合 GB/T 191 规定的防雨、防压等相关储运图示的标记，标志字迹应清晰无误。

8.2.2 采用不同颜色的标志或封包绳作为等级的辨识标志，特等为蓝色、一等为红色、二等为绿色、三等为白色。

9 运输和贮存

9.1 运输

9.1.1 不同型号包装容器分开装运。运输工具应清洁、干燥。

9.1.2 装卸、搬运时要轻拿轻放，严禁乱丢乱掷。堆码高度应充分考虑干制红枣和容器的抗压能力。

9.1.3 交运手续力求简便、迅速，运输时严禁日晒、雨淋。不得与有毒有害物品混运。

9.2 贮存

9.2.1 红枣制干后应挑选分级，按品种、等级分别包装、分别堆存。批次应分明，堆码整齐。

9.2.2 干制红枣在存放过程中，严禁与其他有毒、有异味、发霉以及其他易于传播病虫的物品混合存放。严禁雨淋，注意防潮、防虫、防鼠。

9.2.3 堆放干制红枣的仓库地面应铺设木条或格板，使通风良好。

9.2.4 贮存技术 按 SB/T 10093 规定执行。

附录 A

（资料性附录）

干制红枣主要品种果实大小分级标准

干制红枣主要品种各等级果实大小分级标准见表 A.1。

表 A.1 干制红枣主要品种果实大小分级标准

品种	每千克果粒数/(个/千克)				
	特级	一级	二级	三级	等外果
金丝小枣	<260	260~300	301~350	351~420	>420
无核小枣	<400	400~510	511~670	671~900	>900
婆枣	<125	125~140	141~165	166~190	>190
圆铃枣	<120	120~140	141~160	161~180	>180
扁核枣	<180	180~240	241~300	301~360	>360
灰枣	<120	120~145	146~170	171~200	>200
赞皇大枣	<100	100~110	111~130	131~150	>150

本标准代替 GB 5835–1986《红枣》。

本标准与 GB 5835–1986 相比主要变化如下：

——修改了 GB 5835–1986 中的术语；

——修改了 GB 5835–1986 中的检疫规则；

——修改了 GB 5835–1986 中的标志、标签与包装。

本标准的附录 A 为资料性附录。

本标准由中华全国供销合作总社提出。

本标准由中华全国供销合作总社济南果品研究院归口。

本标准主要起草单位：中华全国供销合作总社济南果品研究院

本标准所代替的标准的历次版本发布情况为：GB 5835—1986。

三、SB/T 10093 红枣贮存

1 主题内容和适用范围

本标准规定了红枣贮存的入库质量要求、贮存技术、贮存期限及损耗指标、检验方法、检验规则。

本标准适用于大、小两类红枣在通风贮藏库内贮存。

2 引用标准

GB 5835–1986 红枣

3 术语

3.1 通风贮藏库
指利用通风调节库内温湿度,进行果品贮存的仓库。

3.2 自然损耗
红枣在贮存期间水分和干物质的损失。

3.3 腐烂损耗
红枣在贮存期间由微生物侵染果实所致的损耗。

3.4 软潮
由于空气相对湿度过大,造成贮存的红枣含水率增加,组织结构发生膨胀软化的一种现象。

4　分类

按照 GB 5835–1986 中的规定执行。

5　入库质量要求

用于贮存的红枣质量应符合 GB 5835–1986 中的各项指标。

6　贮存技术

6.1　库房要求与准备

6.1.1　禁止红枣与有毒、有污染和易潮解、易串味的商品混贮。

6.1.2　库房应凉爽干燥并具备良好通风条件。

6.1.3　库房门内应设不低于 0.5 m 高的插板,进气孔、排气孔、窗户应设纱罩。

6.1.4　贮存前应对库房进行灭菌与防虫处理, 所用药物和做法见附录 A。

6.1.5　仓库在接到入库通知单后,即应确定存放货位,准备好苫垫用品,检验仪器、度量衡器等。

6.1.6　红枣入库前必须将库内温湿度控制在适宜范围内, 其适宜的温湿度见本标准 6.3。

6.2　入库要求

6.2.1　根据不同包装合理安排货位。其堆码形式、高度、垫木和货垛排列方式、走向及间隔应与库内空气环流方向一致。

6.2.2　按品种、等级分垛堆码, 有效空间贮存密度不应超过 250 kg/m³,起架或托盘堆码允许增加 10%~20% 的贮量,堆码高度袋装一般不超过 6 层,箱装依包装物耐压强度而定。

6.2.3　码垛可按横三竖二的方法定底堆码,垛底、垛顶做防潮处理。入库整理后要及时填写平面货位图、悬挂货位标签。

6.2.4　货位堆码

6.2.4.1　墙距>0.3 m

6.2.4.2　顶距>0.3 m

6.2.4.3　垛距>0.5 m

6.2.4.4　灯距>0.5 m

6.2.4.5　柱距>0.1 m

6.2.4.6　库内通道宽>1.5 m

6.2.4.7　堆底垫木高度>0.2 m

6.3　适宜贮存条件

6.3.1　温度　不高于25℃。

6.3.2　相对湿度　55%~70%。

6.4　温湿度管理

6.4.1　通风换气　当贮存红枣的库内温湿度高于规定范围时,可结合库外自然风力,风向适当通风换气。

6.4.2　倒垛通风　对长期贮存的红枣,应定期上下翻倒货垛,变换红枣停贮位置。一般地区3~5个月倒垛一次,暖湿地区每月倒垛一次。

6.4.3　晾晒与吸湿　当贮存的红枣有软潮现象时,即应检测红枣含水率,如果含水率超标时,应及时采取晾晒或吸湿措施。

6.4.3.1　晾晒可根据当地自然条件进行。

6.4.3.2　吸湿

6.4.3.2.1　吸湿剂　氯化钙、氧化钙、硅胶、木炭等。

6.4.3.2.2　安放位置　在不影响贮存货位的情况下,可放置在库内四边角或库内潮湿严重部位。放置后要勤检查,当吸湿剂吸到饱和时应立即更换,直到库内相对湿度达标为止。

6.4.3.2.3 吸湿剂用量　根据仓库体积和不同吸湿剂的吸湿能力(见附录 C)换算,其吸湿剂的用量按公式(1)计算:

$$X=\frac{V(a-a_1)}{S} \quad\cdots\cdots\cdots\cdots\cdots\cdots \quad (1)$$

式中:X——吸湿剂用量,kg;

$\quad\quad\quad V$——仓库体积,m³;

$\quad\quad\quad a$——当时库内绝对湿度,g/m³;

$\quad\quad\quad a_1$——库内要求绝对湿度,g/m³;

$\quad\quad\quad S$——吸湿能力,g/kg。

注:绝对湿度可查附录 B(空气湿度换算表)。

7　贮存期限及损耗指标

7.1　贮存期限

以不影响红枣质量标准为度,一般贮存期限 8 个月(当年 11 月至翌年 6 月)。

7.2　损耗指标

贮存 8 个月无腐烂损耗,自然损耗率累计大枣不超过 3.5%,小枣不超过 4.5%。

8　检验方法

8.1　检重

以扦样量单件称重的平均数量乘以该批红枣入库总件数为受检重量。

8.2　损耗检验

8.2.1　仪器　台秤(误差±1.0 g)

8.2.2 检验程序 将扞取的受检样品逐件称重后，做好记录放回原位并注标记,以备复查其损耗,结果应根据记录结果按（2）式计算:

$$X_1 = \frac{W - W_1}{W} \quad \cdots\cdots\cdots\cdots\cdots\cdots \quad （2）$$

式中: X_1——损耗率,%;

W——受检红枣入库时总重量,kg;

W_1——受检红枣总重量,kg。

8.3 等级、规格和质量检验

按照 GB 5835-1986 中有关规定执行。

8.4 温湿度检验

8.4.1 温度检验 库内温度可以连续或间歇接地检验，可采用温度自记仪或使用温度计进行人工定时观测。

8.4.1.1 仪器

8.4.1.1.1 温度计（误差±0.5℃ ）。

8.4.1.1.2 温度自记仪（误差±0.5℃ ）。

8.4.1.2 测温点的选择和记录 温度计应放置在不受冷凝、异常气流、辐射、震动和冲击的地方。悬挂高度 1.5 m 上下,以能平视观测为宜。测温点的多少视库容定（应包含射流起始回流点）。每次测量都应详细记录,其数值以不同测温点的平均值表示。

8.4.1.3 温度计校正 每年至少一次。

8.4.2 相对湿度检验 库内相对湿度可以连续或间歇地检验,可采用湿度自记仪或使用干湿球计进行人工定时观测。

8.4.2.1 仪器

8.4.2.1.1 干湿球计（误差±5.0%）。

8.4.2.1.2 湿度自记仪（误差±5.0%）。

8.4.2.2 测湿点的选择与测温点同。

8.4.2.3 干湿球计校正 每年至少一次。

9 检验规则

9.1 同品种、同等级、同一批到货同时入库可作为一个检验批次。

9.2 扦样方法和取样数量

按 GB 5835–1986 中有关规定执行

9.3 入库验收

红枣入库时,必须对数量、质量、包装进行严格验收。

9.3.1 验收单 填写的项目应与货物完全相符。凡与货单不符或品种、等级混淆不清者,应整理后再行扦样验收。

9.3.2 数量验收 按入库通知单点清数量。一般对整件齐装的采取大数点收,对包装破损的应全部清点过秤,整理合格后点收入库。

9.3.3 质量验收 按规定项目抽取样品并逐件检验,以件为单位分项记录在入库检验单上。每批枣检验后,计算检验结果,确定红枣质量,符合质量标准的方能登记入库。

9.3.4 包装验收 应在扦样时仔细检查包装和标志是否完整、牢固,有无受潮、水湿、油污等异状,并认真核对包装上的标志与入库通知单是否相符。凡包装严重破损或有异状物者,必须加以整理或更换包装合格后再行入库。

9.3.5 检重 入库时物件包装净重、毛重都与规定重量相符才准入库。

9.4 贮存期检验

9.4.1 红枣质量检验 应分别记录红枣品质、果形、含水率、病虫果率、自然损耗率、腐烂损耗率及受检日期等。

9.4.2 温湿度检验　将每日检验的情况，以日平均值分项记录在检验报告单上。

9.5 出库检验

除按贮存期质量检验项目进行检查外，还应统计自然损耗率,填写好出库检验记录单。

附录 A　库房灭菌防虫药物及用法

（补充件）

常年使用的库房,在使用前应全面进行消毒灭菌防虫工作,库房常用灭菌及除虫药物的性质及用法如下:

1　漂白粉

1.1　性质　为白色或淡黄色粉末。有味具强腐蚀性,稍能溶于水,在水中易分解产生新生氧和氯气均可灭菌。

1.2　用法　将含有效氯 25%~30% 的漂白粉配成 10% 的溶液,用上面的清液按库容 40 ml/m³ 用量喷雾。使用时注意安全防护,用后库房必须通风换气除味。

2　过氧乙酸(过醋酸或过乙酸)

2.1　性质　无色透明酸性液体,腐蚀性较强,使用分解后无残留,能快速杀灭细菌和霉菌。

2.2　用法　将 20% 的过氧乙酸按库容用 5~10 ml/m³ 的比例,放于容器内于电炉上加热促使挥发熏蒸,或者按以上比例配成 1% 的水溶液全面喷雾。因具腐蚀性,使用时应注意器械和人体防护。

3 防虫磷（马拉硫磷乳油）

3.1 性质 浅黄色至棕黄色均相液体，基本无臭味，可用于防治仓库害虫。

3.2 用法 将防虫磷加上水稀释喷雾，用于北方为 0.001%~0.002%（有效浓度），用于南方为 0.003%（有效浓度）。在施用时结合通气降温，以达到尽可能低的温度下实施。喷药后应关闭门窗 1~3 天。因对人眼睛、皮肤有刺激性，使用时应注意人体防护。

4 熏灭净（硫酰氟）

4.1 性质 常温下为无色无味气体。在水中水解很慢，遇碱易水解，属中等毒杀虫剂。

4.2 用法 封闭门、窗、排气孔等通风处，按 30~70g/m³ 药量从进气孔进药至所需药量，封闭进气孔熏蒸 48 小时。

5 溴甲烷

5.1 性质 常温下为无色气体。属高毒卤代物类熏蒸杀虫剂。

5.2 用法 在密闭条件下施药于仓库上层杀虫效果好。使用剂量因环境及被熏蒸物体而异。一般在温度低、被熏蒸物体颗粒小，吸附性强，用于防治幼虫和卵及钻蛀性害虫，使用剂量要高些，否则低一些，同等剂量，温度越高，熏蒸时间越长则效果越好，但熏蒸时间一般不能超过 72 小时。

5.3 对防治鳞翅目害虫与鞘翅目害虫的熏蒸剂量及时间。

5.3.1 10℃ 以下，45 g/m³，熏蒸 24 小时。

5.3.2 10℃~14℃，35 g/m³，熏蒸 24 小时。

5.3.3 15℃~20℃,30 g/m³,熏蒸 24 小时。

5.3.4 21℃~25℃,24 g/m³,熏蒸 16~24 小时。

5.3.5 25℃ 以上,16~24 g/m³,熏蒸 16~24 小时。

附录 B 空气湿度换算

(补充件)

温度:℃
相对湿度:%

B 空气湿度换算表

汽量:g

温度/汽量 相对湿度	25	26	27	28	29	30	31	32	33	34	35
70	15.90	16.68	17.84	18.85	19.92	21.03	22.19	23.42	24.69	26.03	27.42
71	16.19	17.12	18.10	19.12	20.20	21.33	22.51	23.75	25.04	26.40	27.82
72	16.42	17.36	18.35	19.39	20.48	21.63	22.82	24.08	25.39	26.77	28.21
73	16.64	17.60	18.61	19.66	20.77	21.93	23.14	24.42	25.75	27.14	28.60
74	16.87	17.84	18.86	19.93	21.05	22.23	23.46	24.75	26.10	27.51	28.99
75	17.10	18.08	19.12	20.20	12.34	22.53	23.78	25.09	26.45	27.89	29.89
76	17.33	18.32	19.37	20.47	21.62	22.83	24.09	25.42	26.81	28.26	29.78
77	17.56	18.56	19.63	20.74	21.91	23.13	24.41	25.76	27.16	28.63	30.17
78	17.78	18.81	19.88	21.10	22.19	23.43	24.73	26.09	27.51	29.00	30.56
79	18.01	19.05	20.14	21.27	22.48	23.73	25.04	26.43	27.86	29.37	30.95
80	18.24	19.29	20.39	21.54	22.76	24.03	25.36	26.76	28.22	29.74	31.34
81	18.47	19.53	20.65	21.81	23.04	24.33	25.68	27.09	28.57	30.12	31.74
82	18.70	19.77	20.90	22.08	23.33	24.63	25.99	27.43	28.92	30.49	32.13

B 空气湿度换算表

温度汽量\相对湿度	25	26	27	28	29	30	31	32	33	34	35
83	18.92	20.01	21.16	22.35	23.61	24.93	26.31	27.76	29.27	30.86	32.52
84	19.15	20.25	21.41	22.62	23.90	25.23	26.63	28.10	29.63	31.23	32.91
85	19.38	20.49	21.67	22.89	24.18	25.58	26.95	28.43	29.98	31.60	33.30
86	19.61	20.73	21.92	23.16	24.47	25.83	27.26	28.77	30.33	31.97	33.69
87	19.84	20.98	22.18	23.43	24.75	26.13	27.58	29.10	30.68	32.35	34.09
88	20.06	21.22	22.43	23.70	25.04	26.44	27.90	29.44	31 04	32.72	34.48
89	20.29	21.46	22.69	23.97	25.32	26.74	28.21	29.77	31.39	33.09	34.87
90	20.52	21.70	22.94	24.24	25.61	27.04	28.53	30.11	31.74	33.46	35.26
91	20.75	21.94	23.20	24.51	25.89	27.34	28.85	30.44	32.10	33.83	35.65
92	20.98	22.18	23.45	24.78	26.17	27.64	29.16	30.77	32.45	34.21	36.05
93	21.20	22.42	23.71	25.04	26.46	27.94	29.98	31.11	23.80	34.58	36.44
94	21.43	22.66	23.96	25.31	26.74	28.24	29.80	31.44	33.15	34.95	36.83
95	21.66	22.90	24.22	25.58	27.03	28.54	30.12	31.78	33.51	35.32	37.22
96	21.89	23.15	24.47	25.85	27.31	28.84	30.43	32.11	33.86	35.69	37.61
97	22.12	23.39	24.73	26.12	27.60	29.14	30.75	32.45	34.21	36.06	38.00
98	22.34	23.63	24.98	26.39	27.88	29.44	31.07	32.78	34.56	36.44	38.40
99	22.57	23.87	25.24	26.66	28.17	29.74	31.38	33.11	34.92	36.81	38.79
100	22.80	24.11	25.49	26.93	28.45	30.04	31.70	33.45	35.27	37.18	39.18

附录 C　不同吸湿剂的吸湿能力

（参考件）

C　不同吸湿剂的吸湿能力表

吸湿剂	吸湿能力（g/kg）	吸湿速度(%)			
		第一天	第二天	第三天	第四天
无水氯化钙	1000~13000	60	20	12	8
工业氯化钙	700~800	60	20	12	8
氧化钙	300	25	25	23	13
硅胶	264~510	93	4	3	0
木炭	5~444	40	28	18	12

附加说明：

本标准由中华人民共和国商业部提出并归口。

本标准由山西省果品茶叶副食公司起草。

本标准主要起草人：冀智新、赵子龙、康宇、高永坚

四、SN/T 1803-2006 进出境红枣检疫规程

1 范围

本标准规定了进出境红枣的检疫方法和结果判定。

本标准适用于进出境新鲜红枣、干制红枣的检疫。

2 术语和定义

下列术语和定义适用于本标准。

2.1 新鲜红枣 fresh red dates

选用新鲜、洁净,经过一定加工或保鲜处理的红枣。

2.2 干制红枣 dried red dates

经自然风干或烘烤干燥等方式加工成的红枣。

3 检疫依据

3.1 进境国家或地区的植物检疫要求。

3.2 政府间双边植物检疫协定、协议以及参加国际公约组织应遵守的规定。

3.3 中国的进出境植物检疫法律、法规相关规定。

3.4 进境许可证、贸易合同、信用证等关于植物检疫的条款。

4　检疫准备

4.1　审核单证

仔细审核货物有关证单证,了解产地疫情和输入国家或地区的植物检疫要求,明确检疫条款,拟订检疫方案。

4.2　检疫工具

剪刀、镊子、放大镜、指形管、不锈钢刀、分样筛、白磁盘、毛笔、取样袋、样品标签、检疫记录单等。

5　现场检疫

5.1　检疫方法

5.1.1　核查货物情况　核查货物堆放货位、生产批号、唛头标记、件数、质量,以及加工单位、原料来源地等情况,并做好有关现场记录。

——新鲜红枣还应了解保鲜条件;

——干红枣还应了解干燥方式,如自然晾干、烘干等环境条件

5.1.2　存放场所检疫　仔细检查货物堆放场所的四周墙角、地面,以及覆盖货物用的篷布、铺垫物等,检查是否有害虫感染的痕迹或有活害虫发生。

5.1.3　包装物检疫　检查货物外包装及所抽样品的内包装是否有害虫或霉变和其他检疫物,如土壤、动物尸体等。

5.1.4　货物检疫　按本标准 5.2.1 和 5.2.2 确定的抽样方法和抽样数量抽检货物。打开包装将货物取出放在白磁盘上逐一进行检查,对有虫蛀、虫孔以及带有其他可疑症状的样品用刀剖开检查,并收集有可疑症状样品。

——新鲜红枣检查货物中有无病斑、虫孔、活虫、霉变、腐

烂、杂质(包括树叶等)、以及昆虫残体等;

——干制红枣检查货物中有无害虫感染以及土粒、杂质、昆虫残体等,必要时对样品进行过筛检查,检查是否带有虫粪、虫卵、螨类,以及杂草籽等。

5.1.5 运输工具检疫 对装载进出境红枣的运输工具如集装箱等实施现场检疫,查看箱体内外、上下四壁、缝隙边角、铺垫物等害虫易潜伏藏身的地方有无害虫、蜕皮壳、杂草(籽)、泥土等。

5.2 抽样

5.2.1 抽样方法 从货垛的上、中、下不同部位随机抽取被抽检的货物好样品。

5.2.2 抽样数量 以每个检疫批为单位按下列比例进行抽查。

——10件以下全部查验。

——11~100件查验10件。

——101~1 000件,每增加100件,查验件数增加1件。

——1 001件以上,每增加500件,查验件数增加1件。

5.2.3 样品送检 将现场检疫发现的有害生物及有可疑症状的样品,注明编号、品名、数量、产地、进/出境日期、取样地点、取样人、取样日期,送实验室作进一步检验。

6 实验室检验

6.1 病害检验

对发现有可疑症状的样品进行详细的症状检查,观察有无典型病害症状,然后再进行病菌组织切片检查,尚不能确定的可进行组织分离培养鉴定。

6.2 害虫、螨类检查

对现场检疫中发现的害虫、螨类置于解剖镜或显微镜下检查鉴定。对难以直接鉴定的幼虫、虫卵、蛹，应进行饲养，需要时连同样品一并置于害虫饲养箱中进行饲养，成虫后进行检验鉴定。

6.3 杂草检疫

对现场检疫中发现的杂草籽置于解剖镜或显微镜下根据相关鉴定方法进行检验鉴定。

7 结果评定与处置

7.1 合格的评定

经检疫，符合 3.1、3.2、3.3、3.4 的检疫规定，评定为合格。

7.2 不合格的评定

经检疫，发现有下列情况之一的，评定为不合格：

——发现检疫性有害生物的；

——发现禁止进境物；

——发现协定中有害生物的；

——发现其他不符合本标准第 3 章规定的。

7.3 不合格的处理

出境的，应针对情况实施检疫除害、重新加工等处理，并对处理结果进行复检，复检不合格的作不准出境处理。

进境的，应实施检疫除害处理。无有效检疫除害处理方法的，作退货或销毁处理。

（本标准由国家认证认可监督管理委员会提出并归口。

本标准起草单位：中华人民共和国山西出入境检验检疫局。

本标准主要起草人：丁三寅、任传永、武建生、党海燕、程新峰、王瑞芳。

本标准系首次发布的出入境检验检疫行业标准。）

五、枣园常用无公害农药及使用准则

通用名	商品名	剂型与含量	主要防治对象	稀释倍数（有效成分浓度）	施用方法	最多使用次数	安全间隔期（天）	最高残留限量（mg/kg）	注意事项
氯氰菊酯	赛波凯	25%乳油	桃小食心虫等	4000~5000倍	喷雾	3	21	2	
溴氰菊酯	敌杀死	2.5%乳油	桃小食心虫等	1250~2500倍（10~20 mg/L）	喷雾	3	5	0.1	
氰戊菊酯	速灭杀丁	20%乳油	桃小食心虫等	2000~4000倍（50~100 mg/L）	喷雾	3	14	2	
联苯菊酯	天王星	10%乳油	桃小食心虫，叶螨等	3000~5000倍	喷雾	3	10	1	
顺势氰戊菊酯	来福灵	5%乳油	桃小食心虫等	2000~3000倍	喷雾	3	14	2	
甲氰菊酯	灭扫利	20%乳油	桃小食心虫等	2000~3000倍	喷雾	3	30	5	
炔螨特	螨除净	73%乳油	螨类	2000~3000倍	喷雾	3	30	5	
噻螨酮	尼索朗	5%乳油	红蜘蛛	1500~2000倍	喷雾	2	30	0.5	
多氧霉素	宝丽安	10%可湿性粉剂	斑点落叶病等	1000~1500倍	喷雾	3	7	—	不能与碱性农药混用
农抗120	抗霉菌素120	4%果树专用型水剂	褐斑病等	600~800倍	喷雾	2	7		

续 枣园常用无公害农药及使用准则

通用名	商品名	剂型与含量	主要防治对象	稀释倍数（有效成分浓度）	施用方法	最多使用次数	安全间隔期（天）	最高残留限量(mg/kg)	注意事项
代森锰锌	喷克、大生M-45、杀毒矾	64%可湿性粉剂	真菌性病害	600~800倍	喷雾	3	3	5	
杀螟硫磷	杀螟松、速灭虫等	45%乳油	桃小食心虫、枣瘿蚊、尺蠖等	250~500 mg/kg	喷雾	2	30	0.02~0.05	
辛硫磷	肟硫磷、倍硫磷松、腈肟磷	45%乳油、5%颗粒剂	桃小食心虫等	1000~2000倍喷雾或1000倍液灌根，颗粒剂撒施地面封闭	喷雾或撒施	2	30		
氯氰胺磷	氯胺磷	30%乳油	红缘天牛及蚧类害虫			2	14		
灭幼脲3号	苏脲一号	25%胶悬剂	食心虫、尺蠖等	2000~3000倍	喷雾	2	15		
除虫脲	敌灭灵	5%乳油	尺蠖、桃小食心虫等	1500~2500倍	喷雾	2	7	1	
阿维菌素	虫螨克星、爱福丁	1.8%乳油	螨类、食叶害虫等	4000~6000倍	喷雾	2	20		不得与碱性农药及杀菌剂混用
阿维·BT	森得宝	0.18%可湿性粉剂	螨类及各种食叶害虫	食叶害虫1500~2000倍；螨类2000~3000倍	喷雾	2	20		不得与碱性农药及杀菌剂混用
苦·烟乳油	百虫杀	1.2%乳油	枣叶壁虱	800~1000倍	喷雾	2	7		

注：实施枣点说明及其他栏目中没有注明的均按照说明书规定使用。

六、石硫合剂熬制、使用及稀释倍数表

1　石硫合剂熬制

石硫合剂是石灰硫磺合剂的简称。通常用 1 份生石灰、2 份硫磺粉和 10~12 份水熬制而成。一般,先将硫磺粉用少量的水调成糊状,将生石灰放进旧铁锅中,用少量的水化开后再加足水量。待石灰放热升温时时,开始加热石灰乳,到接近沸腾时,把事先调成糊状的硫磺自锅边缓缓倒入,边倒边搅,记下水位线,用强火煮沸 40~60 分钟,待药液熬成枣红色、渣滓呈黄绿色时,停火即成。

注意事项:在熬制期间,不宜过多搅拌,要及时用热水补足蒸发散失的水分。冷却后,滤出渣滓,即得到枣红色、透明的石硫合剂原液。如不暂用,则可倒入缸或坛中密封保存。

2　石硫合剂使用及稀释倍数表

(1) 使用　使用前必须用专用波美比重计测量原液的波美比重,再根据需要的浓度加水稀释。具体稀释方法可直接查阅附表石硫合剂原液稀释倍数表。

(2)稀释倍数表

附表　石硫合剂原液稀释倍数

原液浓度(波美度)	稀释浓度(波美度) 加水倍数									
	0.1	0.2	0.3	0.4	0.5	1	2	3	4	5
18	204.37	101.61	67.36	50.24	39.96	19.41	9.13	5.17	4.10	2.96
19	217.50	108.17	71.73	53.51	42.58	20.71	9.78	6.14	4.32	3.22
20	230.48	114.84	76.17	56.84	45.24	22.04	10.44	6.57	4.64	3.48
21	244.39	121.61	80.69	60.22	47.94	23.39	11.10	7.02	4.97	3.74
22	253.17	128.50	85.27	63.66	50.69	24.76	11.79	7.47	5.30	4.01
23	272.17	135.49	89.93	67.15	53.48	26.15	12.48	7.92	5.65	4.28
24	286.41	142.60	94.67	70.70	56.32	27.56	13.18	8.39	5.99	4.55
25	300.87	149.83	99.49	74.31	59.21	29.00	13.90	8.86	6.34	4.83
26	315.59	157.19	104.38	77.98	62.14	30.46	14.62	9.34	6.70	5.12
27	330.55	164.66	109.36	87.72	45.13	31.95	15.36	9.83	7.07	5.41
28	345.77	172.27	114.43	85.51	68.16	33.46	16.11	10.33	7.44	5.70
29	361.25	180.00	119.58	89.38	71.25	35.00	16.88	10.83	7.81	6.00
30	377.00	187.87	124.83	93.30	74.39	36.57	17.65	11.35	8.20	6.30
31	393.03	195.88	130.16	97.30	79.59	38.16	18.44	11.87	8.59	6.61
32	409.34	204.03	135.59	101.37	80.84	39.78	19.25	12.40	8.98	6.93

引自张志善的《怎样提高枣栽培效益》

此外,也可采用公式法计算石硫合剂的重量稀释倍数,即:

石硫合剂重量稀释倍数=(原液波美度-使用液波美度)/使用液波美度

七、生产 A 级绿色食品禁止使用的农药

种类	农药名称	禁用作物	禁用原因
有机氯杀虫剂	滴滴涕、六六六、林丹、甲氧滴滴涕、硫丹	所有作物	高残留
有机氯杀螨剂	三氯杀螨虫	蔬菜、果树、茶叶	工业品中含有一定数量的滴滴涕
有机磷杀虫剂	甲拌磷、乙拌磷、久效磷、对硫磷、甲基对硫磷、甲胺磷、甲基异柳磷、治螟磷、氧化乐果、磷铵、滴虫硫磷、灭可磷(益收宝)、水胺硫磷、绿唑磷、硫线磷、杀扑磷、特丁硫磷、可线丹、苯线磷、甲基硫环磷	所有作物	高毒、剧毒
氨基甲酸酯杀虫剂	涕灭威、可百威、灭多威、丁硫克百威、病硫克百威	所有作物	高毒、剧毒或代谢物高度
二甲基甲醚类杀虫剂	杀虫脒	所有作物	慢性毒性、致癌
拟除虫菊酯类杀虫剂	所有拟除虫菊酯类杀虫剂	水稻及其他水生作物	对水生生物毒性大
卤代烷类熏蒸杀虫剂	二溴乙烷、环氧乙烷、二溴氯丙烷、溴甲烷	所有作物	致癌、致畸、高毒
阿维菌素		蔬菜、果树	高毒
克螨特		蔬菜、果树	慢性毒性

种类	农药名称	禁用作物	禁用原因
有机砷杀菌剂	甲基胂酸锌(稻脚青)、甲基胂酸钙(稻宁)、甲基胂酸铁胺(田安)、福美甲胂、福美胂	所有作物	所有作物
有机锡杀菌剂	三苯基醋酸锡(薯瘟锡)、三苯基氯化锡、三苯基羟基锡(毒菌锡)	所有作物	所有作物、慢性毒性
有机汞杀菌剂	氯化乙基汞(锡力生)、醋酸苯汞(塞力散)	所有作物	剧毒、高残留
有机磷杀菌剂	稻瘟净、异稻瘟净	水稻	异臭
取代苯类杀菌剂	五氯硝基苯、稻瘟醇(五氯苯甲醇)	所有作物	致癌、高残留
2,4-D 类化合物	除草剂或植物生长调节剂	所有作物	慢性毒性
二苯醚类除草剂	除草醚、草枯醚	所有作物	慢性毒性
植物生长调节剂	有机合成的植物生长调节剂	所有作物	
除草剂	各类除草剂	蔬菜生长期(可用于土壤处理与芽前处理)	

八、冷库常用的无公害杀菌消毒剂

1 高效库房消毒剂

1.1 性质

灰白色粉末,能有效杀灭灰霉、青霉、绿霉等霉菌及细菌和酵母菌,对金属材料腐蚀性小,对人体无毒害,在果蔬上无残留,并兼有消除库房异味的功能。

1.2 用法

冷库清扫干净后,在降温前,使用该产品。将袋内两小包药剂充分混匀,按 5 g/m³ 库容的用量,500~1 000 g 为一堆,在主通道中均匀堆放,由库内向库门方向逐堆点燃并熄灭明火,迅速撤离现场,关闭库门 4 小时以上。

1.3 注意事项

本品使用时应在冷库内进行混合,混匀后立即使用。如库房污染严重时,应加大使用量,方可消毒彻底。

2 乳酸

2.1 性质

澄清无色或微黄色糖浆液体,无臭、味酸,对细菌、真菌和病毒均有杀灭和抑制作用。

2.2　用法

将浓度为 80%~90% 的乳酸和水等量混合，按 $1\ ml/m^3$ 库容的用量，把混合液放入瓷盆内，在电炉上加热，待溶液蒸发完后，关闭电炉。闭门熏蒸 6~24 小时，然后开库使用。

3　过氧乙酸

3.1　性质

无色透明酸性液体，腐蚀性较强，使用分解后无残留。能杀灭细菌和霉菌。

3.2　用法

（1）将 20% 的过氧乙酸按 5~10 ml/m^3 库容的用量，放在容器内，于电炉上加热促使挥发熏蒸；

（2）按以上用量配成 1% 的水溶液，进行全面喷雾。

4　漂白粉

4.1　性质

白色或淡黄色粉末，有味，具有强腐蚀性，略微溶于水，在水中分解产生新生氧和氯气，均可灭菌。

4.2　用法

将含有效氯 25%~30% 的漂白粉配成 10% 的溶液。按 40 ml/m^3 库容的用量，用上清液全面喷雾。

4.3　注意事项

喷雾时，注意人体防护。用后，库房必须通风换气，除味。

5　福尔马林

5.1　性质

甲醛的水溶液，含甲醛不少于 36%，弱酸性，不稳定。杀菌力很强,尤其对真菌孢子。

5.2 用法

按 15 ml/m³ 库容的用量, 在福尔马林溶液中放入适量的高锰酸钾或生石灰,并稍加些水,待发生气体时,将库门紧闭 6~12 小时。开库通风换气后,方可使用。

6 臭氧

6.1 性质

一种强氧化性的气体,既可杀菌灭霉,又可除臭。

6.2 用法

将特制的臭氧发生器放入库房内,紧闭库门,使臭氧浓度达到 17~20 mg/m³ 库容时,保持 72 小时。

6.3 注意事项

臭氧产生时,注意人体保护。用后,库房必须通风换气。

7 高锰酸钾

7.1 性质

深紫色的结晶,味甜而涩。

7.2 用法

(1)用 0.5%溶液全面喷雾;
(2)与福尔马林溶液混合熏蒸灭菌。

参考文献

1. 曲泽洲,王永惠主编.中国果树志——枣卷.北京:中国林业出版社,1993年8月

2. 刘孟军主编.中国枣产业发展报告(1949~2007).北京:中国林业出版社,2008年9月

3. 郭裕新,单公华.我国枣树区划栽培.中国果树,2002(4):44~46

4. 毕平,康振英,来发茂.观赏枣品种介绍.山西果树,1995(2):20~21

5. 刘孟军.国内外枣树生产现状、存在问题和建议.中国农业科技导报,2000,2(2):76~80

6. 袁志诚,孙青松,喻菊芳.宁夏枣树品种介绍.宁夏农林科技,1985(5):31~33

7. 李丰,杜晓明,祁伟.枣树优良品种介绍.宁夏农林科技,1999(5):54~58

8. 喻菊芳,魏天军,陈卫军,等.灵武长枣种质资源调查和品种选优研究.中国果树,2008(1):56~57,75

9. 喻菊芳,魏天军,陈卫军,等.大果型鲜食枣新品系—灵武长枣2号.宁夏农林科技,2004(2):3

10. 魏天军,窦云萍,张勤.中宁圆枣果实发育成熟期生理生

化变化.中国农学通报,2007,23(3):324~327

11. WEI Tian -jun, DOU Yun -ping.Physio -Biochemical Change in Jujube Fruits (*Zizyphus jujuba* Mill. cv. Lingwuchangzao) at Mature Stage. *Agricultural Science & Technology*,2008,9(2):18~22

12. 魏天军,喻菊芳,李宝,等.灵武长枣2号矮密丰产无公害栽培技术.宁夏农林科技,2008(6):3,20

13. 魏天军.灵武长枣产业发展现状问题与对策建议.宁夏农林科技,2009(2):52~53,46

14. 魏天军,窦云萍.自制保鲜剂对灵武长枣低温贮藏保鲜效果的研究.中国农学通报,2007,23(11):135~140

15. 魏天军.2008年宁夏枣树冻害调查.中国果树,2009(2):62~64

16. 魏天军.枣果采后生理特性与贮藏保鲜技术研究进展.宁夏农林科技,2005,(4):29~31

17. 魏天军,李百云.采收期和品种对枣果实品质的影响.中国农学通报,2009,25(9):184~187

18. 李占文,魏天军,于诘,等.灵武长枣主要有害生物无公害防控技术研究初报.宁夏农林科技,2008(3):33~34,36

19. 李占文.灵武长枣主要病虫害危险性分析.中国果树,2007(1):49~50

20. 雍文,魏卫东,杜玉泉,等.灵武长枣开花坐果规律及花果管理技术研究.宁夏农林科技,2006(4):3~4,26

21. 徐金明,张红武,郑济林.枣树引种及密植丰产研究.宁夏农林科技,1996(2):25~28

22. 李丰.枣树优质丰产综合栽培技术研究.宁夏农林科技,

1999(5):39~45

23. 李丰,陈兰岭.枣树果实营养成分的测定分析.宁夏农林科技,1999(5):53

24. 刘惠珍,周涛.利用酸枣仁播种育苗嫁接优质红枣试验初报.宁夏农林科技,1999(6):36~37

25. 南炳辉.宁夏枣树栽植技术与抚育管理.宁夏农林科技,1997(6):50

后记

　　参加本书编写的人员主要有魏天军、喻菊芳、刘廷俊、刘定斌、祁伟、李占文、唐文林、陈卫军、雍文、马廷贵、潘禄、李百云、吴秀红和杨玲。前言和后记由魏天军执笔;第一章、第二章由魏天军执笔;第三章由魏天军、喻菊芳执笔;第四章由喻菊芳、刘廷俊、雍文、刘定斌、祁伟、唐文林、马廷贵、潘禄、吴秀红执笔;第五章由李占文、魏天军执笔;第六章由魏天军、陈卫军、祁伟、马廷贵、杨玲执笔;第七章由魏天军、祁伟执笔;附录由魏天军、李白云和李占文收录和整理。全书由魏天军负责统稿和修改工作。插页彩照除署名外,其余均由魏天军提供。

　　本书中的《灵武长枣苗木繁育技术规程》《灵武长枣栽培技术规程》《鲜灵武长枣》《地理标志产品　灵武长枣》《灵武长枣主要有害生物防控技术规程》《灵武长枣日光温室促成栽培技术规程》《同心圆枣栽培技术规程》《同心圆枣》《宁夏干旱区压砂地枣树栽培技术规程》已被宁夏回族自治区质量技术监督局作为地方标准发布、实施。

　　《中宁圆枣栽培技术规程》《中宁圆枣》《中宁圆枣贮藏管

理技术规程》和《中宁圆枣包装材料技术规程》已被中宁县质量技术监督局作为农业标准规范发布实施。

本书在编写过程中,得到宁夏科技厅、宁夏农林科学院领导的支持和关心;宁夏"十一五"重大科技专项'红枣品种选育及配套栽培技术研究'提供经费支持;宁夏林业局、灵武市科技局、灵武市林业局、中宁县林业局、中宁县科技局、同心县林业局、中卫市农牧林业局和中卫市科技局等部门的领导也给予支持,在此表示衷心感谢!